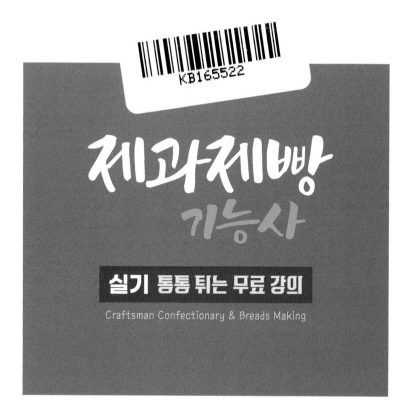

제과제빵 기능사

실기 통통 튀는 무료 강의

Craftsman Confectionary & Breads Making

SD에듀
(주)시대고시기획

저는 영화광(狂)입니다.

빵만큼. 가르치는 것만큼 좋아합니다. 얼마 전
"Black"이라는 영화를 보았고, 감동의 눈물을 펑펑 흘리면서
한 단어를 열심히 외워 나왔습니다.

저는 강사입니다.

도전하려고 하는 이들이나 도전할 생각이 없는 이들에게나,
무조건 저를 믿고 도전해달라고 애걸복걸하는
"불가능(Impossible)"을 모르는 미친(狂) 강사입니다.

저는 도전합니다.

삶을 외면하려 드는 두려움도 알고 있지만, 삶에 용감하게
맞서고자 하는 용기가 제 안에 더욱 크기에 여러분과 함께 도전해보고 싶습니다.

그리고 저를 너무 사랑해주시는 여러분. 진심으로 고맙습니다.
앞으로 저의 도전을 사랑으로 지켜봐주실 여러분! 사랑합니다.

부족한 제 책을 많이 사랑해주시고 칭찬해주신 여러분께 진심으로 감사인사를 드리고 싶었습니다.
매년 동영상과 책을 Up-grade해가며 새로운 모습. 성장한 모습. 더욱 Sexy해진(?) 모습을 보여드리고
싶었는데 그렇게 봐주셨으리라 믿으며 앞으로도 더욱 노력하는 모습 보여드리겠습니다.

대표저자 **김경진** 올림

보다 깊이 있는 학습을 원하는 수험생들을 위한
SD에듀의 동영상 강의가 준비되어 있습니다.
www.edusd.co.kr/sidaeplus ➜ 회원가입(로그인) ➜ 강의 살펴보기

차 례

제과기능사

버터 쿠키

쇼트브레드 쿠키

파운드 케이크

과일 케이크

마데라(컵) 케이크

버터 스펀지 케이크
(공립법)

버터 스펀지 케이크
(별립법)

소프트 롤 케이크

젤리 롤 케이크

시폰 케이크
(시폰법)

치즈 케이크

마드레느

다쿠와즈

슈

호두파이

초코머핀
(초코컵 케이크)

브라우니

타르트

흑미 롤 케이크
(공립법)

초코 롤 케이크

차 례

시험 안내

개 요
제과 · 제빵에 관한 숙련기능을 가지고 제과 · 제빵 제조와 관련되는 업무를 수행할 수 있는 능력을 가진 전문인력을 양성하고자 자격제도를 제정하였다.

수행직무
제과 · 제빵제품 제조에 필요한 재료의 배합표 작성, 재료 평량을 하고 각종 제과 · 제빵용 기계 및 기구를 사용하여 반죽, 발효, 성형, 굽기, 장식, 포장 등의 공정을 거쳐 각종 제과 · 제빵제품을 만드는 업무를 수행한다.

원서접수
• 접수방법 : 인터넷 접수(www.q–net.or.kr)
• 회별 접수기간 별도 지정
• 원서접수 시간 : 회별 원서접수 첫날 10:00부터 마지막 날 18:00까지

실기시험 시행
• 월별, 회별 시행지역 및 시행종목은 지역별 시험장 여건 및 응시 예상인원을 고려하여 소속기관별로 조정하여 시행
• 조정된 월별 세부 시행계획은 전월에 큐넷 홈페이지 공고

기타 유의사항
• 공단 인정 신분증 미지참자는 당해 시험 정지(퇴실) 및 무효처리
• 천재지변, 응시인원 증가, 감염병 확산 등 부득이한 사유 발생 시에는 시행일정을 공단이 별도로 지정할 수 있음
• 실기시험에 접수한 수험자는 해당 회차 실기시험의 합격자 발표일 전까지 동일한 종목의 실기시험에 중복하여 접수 불가

합격자 발표
• 발표일자 : 회별 발표일 별도 지정
• 큐넷 홈페이지(www.q–net.or.kr)에서 로그인 후 확인
• ARS 자동응답 전화(☎ 1666–0100)로 확인

이 책의 구성과 특징

❶ 3시간

난이도
★★★☆☆

My
Baking

단팥빵
Red Bean Bread

❶ 과제의 시험시간 및 난이도를 확인할 수 있어요.

R E C I P E

01 반죽 → 1차 발효 → 분할 → 둥글리기

❶ 마가린을 제외한 전 재료를 넣고 저속(기어 1단)에서 믹싱을 시작한다.

❷ 중속(기어 2단)을 넣고 2~3분 믹싱한 후 클린업 단계에서 마가린을 넣고 고속(기어 3단)에서 글루텐 120%, 반죽 온도 30℃로 만든다(부드럽고 매끄러우며 신장성이 최대인 단계 : 최종단계).

❸ 30℃, 75~80% 발효실에서 30분 발효한다(부피가 2~3배 될 때까지 한다).

❹ 50g씩 분할하여 둥글리기한다(총 36개).

떼어 둥글게 빚어 놓아요(24개 → 한 판에 12개씩, 총 2판 제출).
· 담은 반죽은 제출하세요.

❷ 차근차근 따라만 하면 합격할 수 있어요. 어려운 점이 있다면 SD에듀 무료 동영상 강의의 도움을 받아보세요.

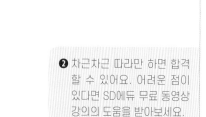

❷

02 중간발효 → 성형

❶ 반죽이 마르지 않도록 비닐을 덮어 10분 정도 발효한다(부피가 2배 정도 되도록 한다).

❷ 앙금을 싸기 전에 반죽을 눌러 펴 가스를 뺀다.

❸ 앙금을 중앙에 오도록 잘 싸고 이음해를 잘 봉해 철판에 놓는다.

🥐 Baking Tip
· 팬 간격을 잘 맞춰 패닝하세요.
· 구멍을 너무 크게 뚫지 마세요. 2차 발효 뒤 들뜰 수 있어요.
· 구멍을 뚫고 나서는 자리를 바꾸지 마세요.

❸ 실제 시험에서 요구하는 재료 비율을 정리하였어요.

❹ 2024년 시행 최신 요구사항을 반영하였어요.

❺ 실전에 앞서 놓치지 말아야 할 중요 내용을 소개할게요.

❸ + 배합표

재료명	비상스트레이트	
	비율(%)	무게(g)
강력분	100	900
물	48	432
이스트	7	63(64)
제빵개량제	1	9(8)
소 금	2	18
설 탕	16	144
마가린	12	108
탈지분유	3	27(28)
달 걀	15	135(136)
계	204	1,836(1,838)

※ 충전용 재료는 계량시간에서 제외

| 통팥앙금 | - | 1,440 |

제빵 준비물

❹ + 요구사항

다음 요구사항대로 단팥빵(비상스트레이트법)을 제조하여 제출하시오.
❶ 배합표의 각 재료를 계량하여 재료별로 진열하시오(9분).
❷ 반죽은 비상스트레이트법으로 제조하시오(단, 유지는 클린업 단계에 첨가하고, 반죽 온도는 30℃로 하시오).
❸ 반죽 1개의 분할 무게는 50g, 팥앙금 무게는 40g으로 제조하시오.
❹ 반죽은 24개를 성형하여 제조하고, 남은 반죽은 감독위원의 지시에 따라 별도로 제출하시오.

❺ Chef's note
• 팥앙금이 반죽의 중앙에 오도록 하여 위아래로 보이지 않도록 하세요.
• 반죽은 약간 오래 하고, 반죽 온도는 30℃임을 잊지 마세요.
• 구멍을 낼 때 누르개를 옆으로 뉘어 살짝 떼세요.

RECIPE

03 패닝
❶ 평철판에 간격을 누른 후 살짝 움어 달걀물을 바
❷ 온도 38~40℃, 면이 살짝 흔들
❸ 2차 발효를 한 준다.
❹ 윗불 190℃, 아

🥖 Baking Tip
• 누르개에 덧가루를 묻혀 누르고 뗄 때 살짝 떼어야 해요.
• 누르개가 지급되지 않는다면 조금 납작하고 평평하게 눌러준 뒤 구우세

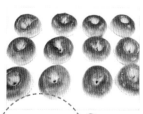

04 제출하기
❶ 냉각팬에 흰 종이를 깔고 정성스럽게 디스플레이(Display)한 후 제출한다.

🥖 Baking Tip ❻
• 단팥빵 모양과 색깔이 일정해야 해요.
• 단팥빵 모양은 둥글게 하세요.
• 완성된 단팥빵에서는 가운데 뚫린 구멍이 솟아오르지 않고 살짝 안으로 옴폭 들어가 있어야 해요.

❻ 합격을 위한 실전 팁을 정리 하였어요.

제과 · 제빵기능사 자격시험 Q & A

제과 · 제빵 자격증을 따려면 어떻게 해야 하나요?

일반적으로 대학의 호텔조리학과나 외식산업과, 제과 · 제빵과 등에서 제과 · 제빵을 전공하는 방법이 있어요. 요즘에는 일반 제과 · 제빵학원이나 시마다 운영하고 있는 여성회관, 복지관 등에서 대부분 저렴한 비용으로 자격증 대비반을 운영하고 있어 자신에게 맞는 곳을 선택해서 수강하면 됩니다.

시험은 어떻게 치루어지나요?

먼저 시험은 필기시험과 실기시험이 있습니다. 제과(제빵) 필기시험은 과자(빵)류 재료, 제조 및 위생관리 등 2과목에 걸쳐 60문항이 출제되고, 그중에서 36문항을 맞으면(60점 이상) 합격합니다. 필기시험에 합격해야 실기시험에 응시할 수 있습니다. 시험은 제과 20가지, 제빵 20가지 중 1종목이 무작위로 출제되고 역시 60점 이상이면 합격입니다.

단기간에 필기시험에 합격하려면 어떻게 해야 하나요?

이론책은 너무 광범위해서 시간이 많이 걸리므로 기출문제를 열심히 외우면서 공부하세요.

실기시험은 필기합격 후 몇 번까지 볼 수 있나요?

횟수와 상관없이 2년 동안 접수할 수 있습니다.

시험은 1년에 몇 번 있나요?

서울, 서울서부, 서울남부, 강원, 강원동부, 부산, 부산남부, 경남, 울산, 경남서부, 대구, 경북, 경북동부, 경북서부, 인천, 경기, 경기북부, 경기동부, 경기남부, 경기서부, 광주, 전북, 전북서부, 전남, 전남서부, 제주, 대전, 충북, 충북서부, 충남, 세종 등 31개 지역에서 한식조리, 양식조리, 중식조리, 일식조리, 지게차운전, 굴착기운전, 미용(일반), 미용(네일), 미용(메이크업), 미용(피부), 제과, 제빵기능사 등을 매달 1회 이상 시행합니다.

상시시험의 장단점이 무엇인가요?

2012년부터 정시시험은 없어졌어요. 상시시험으로만 시행되는데, 필기는 매달 그 전달에 공지된 기간에 실시되고 합격자를 당일 발표해요. 실기는 매달 본인이 편리한 시간에 시험을 볼 수 있어요.

접수는 어떻게 해야 하나요?

인터넷 접수로만 가능합니다. 큐넷 홈페이지(www.q-net.or.kr)로 접속해서 먼저 회원가입을 하고 정해진 날짜에 오전 10시부터 마지막 날 오후 6시까지 접수 가능합니다. 단, 상시시험은 많은 인원이 동시에 접속하므로 원서 접수가 쉽지 않아요. 접수 첫날 10시 이전에 미리 대기하셨다가 10시가 되자마자 접수하셔야 합니다.

꼭 자격증이 있어야 취업, 창업할 수 있나요? 또 자격증의 전망은 어떻게 되나요?

꼭 그런 건 아니지만 자격증이 있으면 취업 시 유리하겠죠? 일반적으로 자격증 수당을 지급하는 것으로 알고 있습니다. 창업에는 자격증이 필요 없지만 창업에 유리한 것은 사실입니다. 식빵류, 과자빵류를 제조하는 제빵 전문업체, 비스킷류, 케이크류 등을 제조하는 제과 전문생산업체, 빵 및 과자류를 제조하는 생산업체, 손작업을 위주로 빵과 과자를 생산 판매하는 소규모 빵집이나 제과점, 관광업을 하는 대기업의 제과 · 제빵부서, 기업체 및 공공기관의 단체 급식소, 장기간 여행하는 해외 유람선이나 해외로 취업이 가능합니다. 현재 자격이 있다고 해서 취직에 결정적인 요소로 작용하는 것은 아니지만, 제과점에 따라 자격수당을 주며, 인사고과에서 유리한 혜택을 받을 수 있습니다. 해당 직종이 점차로 전문성을 요구하는 방향으로 나아가고 있어 제과 · 제빵사를 직업으로 선택하려는 사람에게는 반드시 필요한 자격증입니다.

제과 · 제빵을 집에서 연습할 수 있나요?

제과 종목은 개인적인 도구(전기오븐, 디지털저울, 손거품기, 짤주머니, 깍지, 체, 원형틀)만 있으면 얼마든지 연습할 수 있습니다. 제빵 종목은 반죽 양이 많아 손으로 치대기는 무리가 있죠. 하지만 양을 1/20이나 1/3 정도로 줄여서라면 손반죽이 가능합니다. 발효가 문제인데, 계절상 여름이라면 1차, 2차 발효 모두 실온발효가 가능합니다. 겨울이라면, 1차 발효는 반죽을 담은 볼을 비닐에 싸서 따뜻한 곳에 두면 잘 부푸는데 2차 발효는 쉽지 않습니다. 겨울에는 2차 발효를 이렇게 해보세요. 먼저 정형된 반죽을 패닝(Panning)한 철판이나 식빵틀로 개수대를 막고 뜨거운 물을 받아 그릇을 받친 후 그 위에 얹어놓고 개수대 위를 막아놓으면 비교적 발효가 잘됩니다. 또는 수조(투명한 어항)에 뜨거운 물을 받아서 역시 같은 방법으로 하시면 발효되는 과정을 눈으로 확인하실 수도 있고, 스티로폼 박스를 이용하시는 방법도 있어요. 또 하나, 요즘 유명 메이커에서 나오는 제품에는 스팀기능이 있어서 쉽게 발효시킬 수 있어요(단, 비싸겠지요). 결과물이 100% 마음에 들게 나오진 않더라도 전체 과정을 복습해보고 혼자 해볼 수 있기 때문에 제과 · 제빵 모두 집에서 연습을 해보시길 권합니다.

수험자 지참 준비물

재료명	규격	단위	수량	비 고
고무주걱	중	개	1	제과용
국 자	소	개	1	–
나무주걱	제과용, 중형	개	1	제과용
마스크	일반용	개	1	미착용 시 실격
보자기	면(60×60cm)	장	1	
분무기	–	개	1	제과 · 제빵용
붓	–	개	1	제과 · 제빵용
스 쿱	재료계량용	개	1	재료계량 용도의 소도구 지참(스쿱, 계량컵, 주걱, 국자, 쟁반, 기타 용기 등 필요 수량만큼 사용 가능)
실리콘페이퍼	테프론시트	기 타	1	필수준비물은 아니며 수험생 선택사항
오븐장갑	제과 · 제빵용	켤 레	1	
온도계	제과 · 제빵용	개	1	유리제품 제외
용기(스테인리스 또는 플라스틱)	소 형	개	1	스테인리스 볼, 플라스틱 용기 등 필요시 지참(수량 제한 없음)
위생모	흰 색	개	1	미착용 시 실격
위생복	흰색(상하의)	벌	1	미착용 시 실격
자	문방구용(30~50cm)	세 트	1	–
작업화	–	켤 레	1	위생화 또는 작업화
저 울	조리용	대	1	• 시험장에 저울이 구비되어 있음(수험생 선택사항) • 측정단위는 1g 또는 2g으로 제과용, 조리용으로 적합한 저울일 것
주 걱	제빵용, 소형	개	1	제빵용
짤주머니	–	개	1	• 필수지참 • 모양깍지는 구비되어 있으나, 수험생 별도 지참도 가능
칼	조리용	개	1	
행 주	면	개	1	
계산기	휴대용, 계산용	개	1	필요시 지참
필러칼	조리용	개	1	제과기능사 준비물(사과파이 제조 시 사과 껍질 벗기는 용도, 필요시 지참)
흑색 볼펜	사무용	개	1	–

※ 시험장 내 모든 개인 물품에는 기관 및 성명 등의 표시가 없어야 한다.

수험자 유의사항

위생복, 위생모 착용에 대한 채점기준

- 위생복 미착용, 평상복(흰 티셔츠 등), 패션모자(흰털모자, 비니, 야구모자 등) → 실격
- 기준 부적합 → 위생 0점
  - 제과용/식품가공용이 아닌 경우(화재에 취약한 재질 및 실험복 형태의 영양사 · 실험용 가운은 위생 0점)
  - (일부) 유색/표식이 가려지지 않은 경우
  - 반바지, 치마 등
  - 위생모가 뚫려 있어 머리카락이 보이거나, 수건 등으로 감싸 바느질 마감처리가 되어 있지 않고 풀어지기 쉬워 일반 제과제빵 작업용으로 부적합한 경우 등
  - 위생복의 개인 표식(이름, 소속)은 테이프로 가릴 것
  - 제과제빵 · 조리 도구에 이물질(테이프 등) 부착 금지
- 이 외 위생화(작업화), 장신구, 두발, 손/손톱, 위생관리 기준 부적합 시 위생 0점

얼음 사용 안내

- 지급재료 중 얼음(식용, 겨울철 제외)은 반죽 온도를 낮추는 반죽 온도 조절용으로 지급되므로, 얼음물을 사용하여 반죽 온도를 조절하여야 한다.
- 이 외의 변칙적인 방법으로써 얼음물을 반죽기(믹서) 볼 밑바닥에 받쳐 대는 등의 방법은 안전한 시행을 위하여 사용을 금한다. 만약 수험생이 변칙적인 방법을 사용할 경우 감점처리된다.

지급재료 계량 안내

- 지급재료는 시험 시작 후 재료 계량시간(재료당 1분) 내에 공동 재료대에서 수험자가 적정량의 재료를 본인의 작업대로 가지고 가서 저울을 사용하여 재료를 계량한다.
- 계량시간이 종료되면 시험시간을 정지한 상태에서 감독위원이 무작위로 확인하여 채점하고, 잔여 재료를 정리한 후(시험시간 제외) 시험시간을 재개하여 작품제조를 시작한다.
  ※ 재료 계량(재료당 1분) → [감독위원 계량 확인] → 작품제조 및 정리정돈(전체 시험시간 − 재료 계량시간)
- 재료 계량시간 내에 계량을 완료하지 못하여 시간이 초과된 경우 및 계량을 잘못한 경우는 추가의 시간 부여 없이 작품 제조 및 정리정돈 시간을 활용하여 요구사항의 무게대로 계량한다.
- 달걀의 계량은 감독위원이 지정하는 개수로 한다.

위생상태 및 안전관리 세부 기준

구 분	세부 기준
위생복 상의	• 전체 흰색, 기관 및 성명 등의 표식이 없을 것 • 팔꿈치가 덮이는 길이 이상의 7부, 9부, 긴소매(수험자 필요에 따라 흰색 팔토시 가능) • 상의 여밈은 위생복에 부착된 것이어야 하며 벨크로(일명 찍찍이), 단추 등의 크기, 색상, 모양, 재질은 제한 하지 않음(단, 금속성 부착물, 배지, 핀 등은 금지) • 팔꿈치 길이보다 짧은 소매는 작업 안전상 금지 • 부직포, 비닐 등 화재에 취약한 재질 금지
위생복 하의 (앞치마)	• "흰색 긴바지 위생복" 또는 "(색상 무관) 평상복 긴바지 + 흰색 앞치마" 　– 흰색 앞치마 착용 시, 앞치마 길이는 무릎 아래까지 덮이는 길이일 것 　– 평상복 긴바지의 색상 · 재질은 제한이 없으나, 부직포, 비닐 등 화재에 취약한 재질이 아닐 것 　– 반바지, 치마, 폭넓은 바지 등 안전과 작업에 방해가 되는 복장 금지
위생모	• 전체 흰색, 기관 및 성명 등의 표식이 없을 것 • 빈틈이 없고, 일반 제과점에서 통용되는 위생모(크기 및 길이, 재질은 제한 없음) 　– 흰색 머릿수건(손수건)은 머리카락 및 이물에 의한 오염 방지를 위해 착용 금지
마스크	• 침액 오염 방지용으로, 종류는 제한하지 않음(단, 마스크 착용 의무화 기간 중 '투명 위생 플라스틱 입가리 개'는 마스크 착용으로 인정하지 않음)
위생화 (작업화)	• 색상 무관, 기관 및 성명 등의 표식이 없을 것 • 조리화, 위생화, 작업화, 운동화 등 가능(단, 발가락, 발등, 발뒤꿈치가 모두 덮일 것) • 미끄러짐 및 화상의 위험이 있는 슬리퍼, 작업에 방해가 되는 굽이 높은 구두, 속 굽 있는 운동화 금지
장신구	• 일체의 개인용 장신구 착용 금지(단, 위생모 고정을 위한 머리핀은 허용) • 손목시계, 반지, 귀걸이, 목걸이, 팔찌 등 이물, 교차오염 등의 식품위생 위해 장신구는 착용하지 않을 것
두 발	• 단정하고 청결할 것, 머리카락이 길 경우 흘러내리지 않도록 머리망을 착용하거나 묶을 것
손 / 손톱	• 손에 상처가 없어야 하나, 상처가 있을 경우 보이지 않도록 할 것(시험위원 확인 하에 추가 조치 가능) • 손톱은 길지 않고 청결하며 매니큐어, 인조손톱 등을 부착하지 않을 것
위생관리	• 재료, 조리기구 등 조리에 사용되는 모든 것은 위생적으로 처리하여야 하며, 제과 · 제빵용으로 적합한 것일 것
안전사고 발생 처리	• 칼 사용(손 빔) 등으로 안전사고 발생 시 응급조치를 하여야 하며, 응급조치에도 지혈이 되지 않을 경우 시 험 진행 불가

제과 · 제빵용 기기와 도구

수직 믹서(Vertical Mixer)

제과 · 제빵용 반죽을 제조하는 기계로, 볼 안에 후크나 비터 및 휘퍼 등이 수직으로 연결되어 회전하며 반죽을 만든다.

발효기(Proof Box)

제과 · 제빵용 반죽을 발효시킬 때 사용된다. 발효기에는 건조 발효기(Dry Proof Box), 습윤 발효기(Wet Proof Box) 및 건조 습윤 혼합 발효기(Dry-Wet Proof Box) 등이 있다. 온도, 습도 조절이 가능하다.

오븐(Oven)

데크 오븐(Deck Oven), 회전식 오븐(Rotary Oven) 및 터널 오븐(Tunnel Oven) 등이 있으며, 데크 오븐은 고정형으로 가스로 하는 것과 전기로 하는 것이 있고 윗불과 아랫불을 조절할 수 있어 소프트빵이나 단과자빵을 굽는 경우 적합하다.

전자 저울(Electronic Scale)

계량용 저울로 저울의 균형과 판독 메커니즘 등에 전자 기술을 도입한 저울의 총칭이다. 무게를 재는 계량용 저울로 사용한다.

제과·제빵용 기기와 도구

▲ 밀 대

둥근 막대 모양의 도구로 반죽을 밀어
펴거나 가스 빼기 등 정형하기 위해 사
용한다.

▼ 손 거품기

달걀을 풀거나 흰자로 머랭을 만들 때, 단단한
유지를 부드럽게 만들 때 사용한다.

▲ 모양깍지

제과에서 여러 가지 무늬로 장식
할 때 짤주머니 끝에 끼워 사용하
는 기구이다. 별, 원형, 납작한 모
양 등 여러 가지 모양이 있다.

◀ 알뜰주걱

고무주걱으로, 케이크 반죽 제조
시 볼에 붙은 반죽을 제거하거나
분할용으로 사용한다. 나무주걱,
실리콘주걱도 있다.

◀ 냉각팬(타공팬)

구워낸 제품을 식힐 때
사용한다.

◀ 스패튤러

케이크를 아이싱(Icing)하거나 크림이나
잼을 바를 때 사용한다.

◀ 스크레이퍼

반죽을 자르거나 정형 시 사용(스테인리스 스크레이퍼)한다. 또는 케이크 반죽을 평평하게 할 때(플라스틱 스크레이퍼) 사용한다.

▲ 단팥 누르개

단팥빵 반죽의 가운데 구멍을 뚫을 때 사용한다.

◀ 평철판

제과 · 제빵에서 가장 많이 사용하며 제과 · 제빵 정형 후 패닝할 때 사용한다.

◀ 스텐볼

계량할 때나 제과 반죽을 제조할 때 또는 빵 반죽을 담을 때 사용한다.

▲ 원형팬

제과 반죽 중 케이크류를 패닝할 때 종이를 깔고 사용한다.

▲ 파이커터

파이, 패스트리류를 재단할 때 사용한다.

◀ 헤 라

밤만주 정형 시 단팥앙금을 쌀 때 사용한다.

▲ 가루체

가루류를 함께 체칠 때 사용한다.

제과·제빵용 기기와 도구

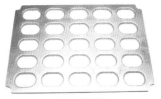

다쿠와즈팬

도넛 정형기

마드레느팬

브리오슈틀

머핀팬

쿠키 정형기

파운드팬, 풀만 식빵팬, 식빵팬

시퐁틀

종이재단법

1. 평철판 준비하기

① 롤케이크, 마카롱, 다쿠와즈 등의 제조에 필요하다.

② 종이의 각 모서리에 가위집을 넣어 철판에 깔고 바닥면의 각을 잡아 준다.

 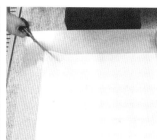 

2. 파운드 틀 준비하기

① 흰 종이를 2등분하여 자른 후 4변 중 2변을 각각 4cm씩 잘라낸다.

② 종이 위에 틀을 올려놓고 바닥면을 그린 후, 그 선을 따라 4군데를 접어 표시한다.

③ 접은 선의 세로 면에 세로로 가위집을 넣은 후 반듯하게 접어 파운드 틀에 깐다(틀 위로 1cm 정도 올라오게 한다).

종이재단법

3. 원형팬 준비하기

① 원형틀 아래 종이를 깔고 밑면을 그려준다.

② 종이의 밑면을 8cm 폭으로 길게 잘라낸 후 2cm를 접어 사선으로 약간 조밀하게 칼이나 가위로 가위집을 넣는다.

③ 틀에 옆면띠를 두르고 가위집 넣는 부분이 바닥에 깔리게 한 후, 미리 잘라낸 원형 바닥을 그 위에 얹는다.

제빵기능사의 제법

빵의 제법에는 여러 가지가 있으며, 제법에 따라 최종 제품의 노화정도, 공정시간, 작업성이 달라질 수 있다. 가장 일반적이고 기본적인 제법으로 스트레이트법(Straight Dough Method)에 대해 알아본다.

1. 스트레이트법(Straight Dough Method)이란?

유지를 제외한 전 재료를 볼에 한꺼번에 넣고 반죽하다 클린업 단계에서 유지를 넣어 반죽하는 방법이다.

2. 스트레이트법의 공정

계량 → 반죽 → 1차 발효 → 분할 → 둥글리기 → 중간 발효 → 정형 → 패닝 → 2차 발효 → 굽기 → 냉각 → 포장

(1) 계량 : 재료를 계량하여 작업대에 늘어놓는다.

(2) 반죽 : 모든 재료를 고르게 분산시키고 혼합하여 글루텐을 발전시키는 과정이다.

계 량

반 죽

① 1단계(픽업 단계) : 밀가루와 그 밖의 재료가 액체 재료와 섞이는 단계이다.

　예 데니시 페이스트리

② 2단계(클린업 단계) : 반죽기 볼의 내면이 깨끗해지고 반죽이 한 덩어리로 만들어지며 글루텐이 형성되기 시작하는 단계이다.

　예 스펀지법의 스펀지 반죽

③ 3단계(발전단계) : 반죽의 탄력성이 최대가 되며, 믹서의 최대 에너지가 요구되는 단계이다.

  예 프랑스빵

④ 4단계(최종단계) : 반죽이 부드럽고 매끄러우며 신장성이 최대가 되는 단계이다.

  예 일반적인 빵류

⑤ 5단계(렛다운 단계) : 탄력이 줄고 신장성이 커져 반죽이 늘어지는 단계이다.

  예 햄버거빵

⑥ 6단계(파괴단계) : 반죽이 찢어져 빵을 만들 수 없는 단계이다.

(3) 1차 발효 : 반죽이 완료된 후 정형과정에 들어가기 전까지의 발효기간으로 반죽 후 처음 부피의 약 3배 정도로 증가한다. 섬유질 구조들이 생성되는 단계이다. 반죽의 발효시간은 이스트의 양에 따라 좌우되며 이스트 양이 많을수록 발효시간은 빨라진다.

(4) 분할 : 발효된 반죽을 미리 정한 무게로 나누는 과정으로 분할하는 과정에서도 발효가 진행되므로 가능한 한 신속한 분할이 필요하다.

(5) 둥글리기 : 분할한 반죽을 공 모양 또는 막대 모양으로 만드는 과정이다. 둥글리기한 반죽의 표면은 매끄러워야 하며 바닥 부분이 벌어져 있지 않고 뭉쳐져야 한다. 둥글리기함으로써 다음 공정인 정형과정에서 작업이 쉬워지고 빵 모양을 예쁘게 만들 수 있다.

(6) 중간 발효 : 둥글리기한 반죽을 짧은 시간 발효시키는 것을 말하며 벤치타임(Bench Time)이라고도 한다. 보통 발효실이나 작업대 위에서 마르지 않게 비닐이나 젖은 면보를 덮어 10~20분 정도 둠으로써 반죽을 유연하게 해 준다(부피가 약 2배 정도 팽창).

(7) 정형 : 빵의 모양을 만드는 공정으로 반죽을 틀에 넣기 전 혹은 팬에 놓기 전 상태를 말한다.

(8) 패닝 : 정형이 완료된 반죽을 팬에 채우거나 나열하는 공정으로 팬넣기라고도 한다. 반죽의 이음매를 팬의 바닥으로 가게 하여 2차 발효나 굽기 과정 중 이음매가 벌어지는 것을 방지한다. 패닝하기 전 팬의 온도는 32℃로 한다.

(9) 2차 발효 : 정형된 반죽을 발효실에 넣어 숙성시켜 좋은 외형과 식감의 제품을 얻는 작업으로 제품 부피의 70~80%까지 부풀린다.

(10) 굽기 : 2차 발효가 끝난 반죽을 오븐에 넣어 굽는 과정이다. 빵의 크기, 발효상태, 반죽의 밀도에 따라 굽는 온도와 시간의 차이가 있으며 일반적으로 분할 중량이 큰 식빵 등은 낮은 온도에서 길게(30~40분), 분할 중량이 작은 단과자빵류는 높은 온도에서 짧게(10~15분) 굽는다.

(11) 냉각 : 구워낸 빵을 실온에서 식히는 과정으로 제품의 온도는 약 38℃, 수분량 38% 정도로 식힌다.

(12) 포장 : 제조된 빵을 인체에 무해한 용기나 포장지를 이용하여 포장함으로써 빵의 저장성(노화지연)을 높이고 미생물의 오염을 막으며 빵의 상품 가치를 높인다.

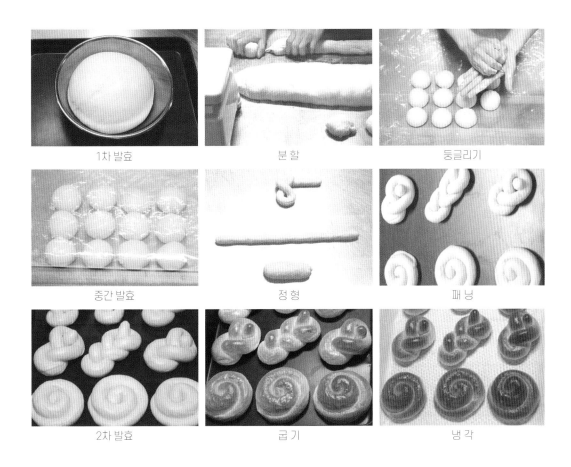

1차 발효	분할	둥글리기
중간 발효	정형	패닝
2차 발효	굽기	냉각

알아둡시다!

제품에 따른 2차 발효실의 온도, 습도

제 품	온 도	습 도	비 고
식빵 및 일반적인 단과자 빵류	38~40℃	85~90%	–
하드브레드(바게트, 하드롤)	32~34℃	75~80%	건조발효
도 넛	32~34℃	70~75%	
데니시 페이스트리, 브리오슈	27~32℃	75~80%	

제과기능사의 제법

제과류 반죽은 만드는 방법에 따라 크게 반죽형 반죽, 거품형 반죽, 시퐁형 반죽으로 나뉜다. 반죽형 반죽에는 크림법, 블렌딩법, 복합법, 설탕물법, 1단계법 등이 있고 거품형 반죽은 공립법, 별립법 등으로 나눌 수 있다. 시퐁형은 반죽형의 부드러움과 거품형의 조직과 기공을 가진 것이 특징이다.

1. 반죽형(Batter Type) 반죽

밀가루, 설탕, 달걀, 유지를 기본 재료로 제조하며 화학 팽창제(B.P)를 사용하여 부풀리는 반죽법이다.

예 옐로 레이어, 화이트 레이어, 데블스 푸드 케이크, 초콜릿 케이크, 파운드 케이크, 머핀, 마드레느, 바움쿠헨 등

(1) **크림법(Creaming Method)** : 유지와 설탕을 섞어 부드럽게 풀어준 뒤 달걀을 여러 번에 나누어 투입하여 부드럽고 매끄러운 크림을 만들고 마지막으로 체 친 밀가루와 물을 넣어 반죽을 완성한다(부피가 큰 제품을 얻을 수 있다).

① 볼에 유지를 넣고 부드럽게 한다. 소금과 설탕을 섞어 크림을 만든다.

② 소금과 설탕을 섞는다(①과 ② 두 번에 나눠 섞음).

③ 달걀을 여러 번에 나누어 천천히 넣어 분리되지 않도록 주의하며 매끄러운 크림상태를 만든다.

④ 체 친 가루를 넣고 가볍게 섞는다.

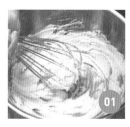 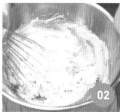  

(2) 블렌딩법(Blending Method) : 유지와 밀가루를 먼저 가볍게 혼합하여 밀가루가 유지에 의해 가볍게 코팅되도록 한 후, 다른 건조 재료와 물 일부를 섞고 마지막으로 달걀을 천천히 넣으며 반죽을 완성한다. 글루텐이 형성되지 않아 부드러운 케이크를 얻을 수 있다.

예 데블스 푸드 케이크

① 볼에 쇼트닝과 밀가루를 넣고 가볍게 혼합하여 콩알 크기의 유지에 밀가루가 피복된 상태를 만든다.

② 다른 건조재료(코코아, 설탕, 소금, 탈지분유, B.P, 유화제)를 넣고 물 1/2을 함께 넣어 믹싱한다.

③ 달걀을 여러 번에 나누어 천천히 넣으며 부드럽고 매끄러운 상태를 만든다.

④ 나머지 물을 넣어 반죽의 되기를 조절한다.

  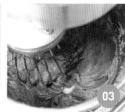 

알아둡시다!

반죽형 케이크 제조 시 필수 조치사항

❶ 계량 시 버터나 쇼트닝, 마가린의 경도(딱딱한 정도)를 파악해야 한다. 만약 단단하다면 유지가 액체가 되지 않을 정도로 뜨거운 물 위에서 중탕시켜 가며 부드럽게 만든 후 설탕을 넣는다.

❷ 분리(유지와 수분이 서로 섞이지 못하고 순두부 상태로 되는 현상)가 되기 쉬운 반죽은 노른자부터 넣는 것도 요령이다.

❸ 설탕, 달걀의 투입 후 스크래핑(볼 옆면과 바닥을 긁어 주는 작업)을 자주 해 줌으로써 균일한 반죽을 만든다.

❹ 반대로 유지가 너무 묽은 경우나 한여름엔 Over Mixing(과믹싱)을 주의한다. 비중이 너무 가볍지 않게 한다.

❺ 물이 들어갈 경우 크림상태가 매우 좋으면 밀가루 투입 전에 넣는다. 만약 그다지 좋지 않다면 상태를 보며 물을 넣고 밀가루 투입한 후 나머지 물을 넣어 되기를 조절한다.

❻ 충전물이 들어갈 경우엔 충전물을 밀가루에 살짝 코팅시켜 마지막에 넣는다.

❼ 밀가루를 섞을 때 덩어리가 생기지 않도록 한다.

2. 거품형(Foam Type) 반죽

밀가루, 설탕, 소금, 달걀을 기본 재료로 제조하며 달걀의 기포성을 이용하는 공기 팽창에 의한 반죽법이다.

예 전란을 이용하는 스펀지 케이크류(롤 케이크 포함), 흰자만 이용하는 엔젤 푸드 케이크

(1) 공립법 : 전란을 사용하여 거품을 내는 방법

　　예 버터 스펀지(공립), 젤리 롤 케이크

　① 더운 공립법(Hot Method) : 달걀, 설탕, 소금을 넣고 43℃로 중탕한 후 거품을 내는 방법이다. 껍질색이 예쁘고 기포성이 좋다.

　　A. 볼에 달걀을 넣고 알끈을 풀어준 뒤 설탕, 소금을 넣고 뜨거운 물그릇에 받혀(80~90℃) 43℃로 중탕한다.

　　B. 믹서에 갈고 연한 미색이 나며 거품기 자국이 남아 있는 정도의 충분한 거품을 낸다.

　　C. 체 친 가루를 넣고 주걱으로 가볍게 흔들어 섞고 우유 또는 물을 넣어 반죽을 완성한다.

　② 찬 공립법(Cold Method) : 달걀과 설탕을 중탕하지 않고 거품을 내는 방법으로 설탕 사용량이 적은 저율배합 반죽에 어울린다.

　　A. 볼에 달걀을 넣고 알끈을 풀어준 뒤 설탕, 소금을 2~3회 나누어 넣어 가며 연한 미색이 나고 거품기 자국이 남아 있는 정도의 충분한 거품을 낸다.

　　B. 체 친 가루를 넣고 주걱으로 가볍게 흔들어 섞는다.

(2) **별립법(Separated Sponge Method)** : 달걀을 흰자와 노른자로 분리하여 거품을 내는 방법

　예 버터 스펀지(별립법), 소프트 롤 케이크

A. 노른자의 알끈을 풀고 설탕을 2~3회로 나눠 넣으며 설탕이 녹고 연한 미색이 날 때까지 믹싱한다.

B. 흰자를 노른자가 들어가지 않게 계량한 후 60%에 설탕을 조금씩 넣어가며 90% 머랭을 만든다.

C. A에 머랭 $\frac{1}{2}$ 을 섞고 체 친 가루를 흔들어 섞는다(유지가 들어 갈 경우 C 반죽의 일부를 덜어 유지와 섞은 후 다시 C 반죽에 부어 섞어준다).

D. 나머지 머랭 $\frac{1}{2}$ 을 섞어 반죽을 완성한다.

 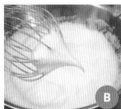  

알아둡시다!

거품형 케이크 제조 시 필수 조치사항

❶ 더운 공립으로 중탕할 땐 43~50℃ 사이를 넘지 않도록 하며 달걀이 익지 않도록 주의한다.

❷ 머랭을 올릴 때 흰자에 노른자가 들어가지 않도록 주의하고 사용하는 도구에도 기름기가 없도록 한다.

❸ 밀가루나 유지를 섞을 때 지나치게 섞으면 비중이 무거워지고 부피가 작고 질긴 제품이 된다.

❹ 오븐에 넣기 직전과 오븐에서 나오자마자 충격을 주어 큰 기포를 제거하고 수축을 방지하도록 틀에서 빨리 분리시킨다.

❺ 거품형 케이크는 반죽하기 전에 미리 틀에 종이를 깔아 준비해 주며, 기포가 죽지 않도록 가루를 빠르게 섞고 패닝 또한 빠르게 진행한다.

❻ 유지가 들어갈 경우 유지의 중탕 온도(60℃)를 체크하고 반죽의 일부를 섞어 투입함으로써 반죽 혼합 시 반죽의 비중이 무거워지지 않도록 주의한다.

3. 시퐁형(Chiffon Type) 반죽

달걀을 노른자와 흰자로 분리한다. 노른자는 거품내지 않고 흰자만 거품을 내 머랭을 만들고 화학 팽창제(B.P)를 사용하여 부풀리는 반죽법이다. **예** 시퐁 케이크

A. 노른자의 알끈을 풀고 식용유를 섞은 후 설탕. 소금. 향과 물을 넣어 혼합하고 밀가루를 섞는다.

B. 흰자를 노른자가 들어가지 않게 계량한 후 60%에 설탕을 조금씩 넣어가며 90% 머랭을 만든다.

C. B의 머랭은 3번에 나누어 섞어 반죽을 완성한다.

알아둡시다!

비중을 재는 방법

❶ 비중이란 같은 부피의 물 무게에 대한 반죽의 무게를 나타낸 값을 말한다.

❷ 비중 재는 법
- 시험장에서 제공되는 비중 컵을 디지털저울에 올리고 0점을 맞춘다.
- 컵을 내려서 물을 가득 담아 저울에 올려 물 무게를 적어 놓는다.
- 물을 버리고 그 비중 컵에 반죽을 동량으로 가득 담아 반죽의 무게를 적어 놓는다.
- (반죽 무게 ÷ 물 무게)를 계산한다.

※ 반죽형 반죽 : 파운드. 옐로 레이어. 화이트 레이어. 데블스 푸드. 초콜릿 케이크 등(0.8~0.9)

※ 거품형 반죽 : 버터 스펀지(별립 · 공립). 소프트 롤. 젤리 롤. 시퐁 등(0.4~0.5)

계절별 반죽 온도 조절방법이 다른가요?

반죽 온도는 제과·제빵 모두 제품에 미치는 영향이 큽니다. 일반적으로 반죽 온도는 외부적인 힘인 마찰열에 의하지만 계절의 온도 변화가 심할 때는 실내온도, 밀가루, 물 등의 온도에도 민감하게 변합니다.

제빵

보통 겨울에는 뜨거운 물을 섞어 18~20℃ 정도로 맞춰 사용하면 마찰열을 감안하여 10~15분 반죽할 때 글루텐과 반죽 온도를 동시에 맞출 수 있습니다. 한여름이라면 시험장에 얼음이 준비되어 있으므로 얼음 또는 얼음물을 섞어 15~18℃ 정도로 맞춰 반죽하면 됩니다. 물론 춥고 더운 정도에 따라 믹서의 속도 또한 반죽 온도에 영향을 줄 수 있습니다. 겨울에는 고속, 여름에는 저속을 주로 사용하되 중·고속을 오가며 믹싱을 해야 반죽 온도와 글루텐 상태를 동시에 최적의 상태로 맞출 수 있습니다.

제과

여름에는 반죽 온도를 어렵지 않게 맞출 수 있습니다. 오히려 Over Mixing을 주의해야 하며, 겨울에는 반죽형 반죽의 경우 반죽 온도를 맞추기가 쉽지 않습니다. 들어가는 재료도 많고 유지가 차갑고 단단한 경우가 많아 어려움이 많습니다. 날이 추워지면 유지를 풀어주는 과정에서 오븐이나 뜨거운 물을 사용하여 크림화 작업이 용이하도록 해주면 반죽 온도도 높이고 유지의 크림화에도 도움이 됩니다. 반죽형 반죽의 온도를 높이려면, 앞의 과정과 더불어, 달걀을 깨서 살짝 중탕하거나 깨지 않은 달걀을 더운 물에 잠시 담가 두었다 사용하는 방법이 있습니다(달걀이 익지 않도록 너무 뜨겁지 않게). 또 기온이 낮아 물이 지나치게 차갑다면 물 온도를 20℃ 정도로 맞춰 사용하는 방법이 있습니다(이때 물이 뜨거우면 애써 만들어 놓은 반죽이 녹아버릴 수 있으므로 조심해야 합니다). 반죽 온도만 맞았다고 제품이 잘 나오는 것은 절대 아닙니다. 반죽 온도도 적당하고 반죽의 모든 과정(제빵-반죽상태, 발효, 성형, 굽기, 제과-믹싱상태, 비중, 패닝량, 굽기)이 함께 잘 이루어져야 좋은 제품이 만들어집니다.

수험생이 가장 궁금해하는 Point

저속 반죽과 고속 반죽을 정해진 대로 해야 하나요?

제빵

반죽 믹싱을 저속으로 하느냐 고속으로 하느냐는 개인적 습관이나 성향에 따라 다릅니다. 원칙은 '저속 → 중속 → 고속 → 중속 → 저속'입니다. 일단, 밀가루가 날리므로 저속(1단), 안 날리면 중속(2단)으로 반죽하고, 반죽에 따라 약 3~5분 후 유지를 투입(클린업 단계)하며, 이후 중속(2단)으로 계속 반죽할 수도 있으나, 고속(3단)으로 글루텐을 어느 정도 형성시킨 후 중속(2단)으로 내려 글루텐(100%)을 마무리하는 방법이 좋다고 봅니다. 이때 충분한 시간 동안 반죽 했으나 반죽 온도가 올라가지 않았다면 다시 고속으로 올려 마무리하고, 반죽시간이 짧아 글루텐 상태가 좋지 않은데 반죽 온도가 너무 높게 올라갔다면 저속으로 마무리하면서 글루텐을 충분히 형성시켜야 합니다.

제과

제과 반죽 중 케이크 믹싱에서 시간적 여유가 많다면 반죽형 반죽에서는 중속과 고속을 오가며 분리되지 않도록 충분히 크림을 형성시키는 것이 좋습니다. 거품형 반죽에서는 고속으로 설탕, 소금 등을 넣어가며 충분히 거품내고 중속 반죽으로 속도를 줄여 거품 기공의 크기를 일정하게 하고 기공을 안정화시켜 주는 것이 좋습니다.

발효시간 조절은 어떻게 확인하나요?

이론상 1차 발효는 27℃, 75~80%이고, 2차 발효는 35~43℃, 85~90%이지만 실제 실기시험장에서 이보다 높게 설정하는 것이 시간관계상 유리합니다. 실기시험장에 따라 1, 2차 발효실이 설정되어 있는 곳도 있고, 4~5명이 상의하며 발효실을 스스로 설정하도록 하는 곳도 있는데 스스로 맞춰야 하는 경우라면(반죽 온도가 정확히 나왔다면), 보통 아날로그식 발효실의 경우 건열 38~40℃, 습열 40℃ 정도로 1, 2차 발효 온도를 맞춥니다. 디지털 발효기의 경우 1차 발효는 건열 35℃, 습도 80℃, 2차 발효는 건열 40℃, 습도 95%에 맞춘다면 반죽이 2~3배 부풀어야 하는 1차 발효시간이나 완제품의 70% 정도 부풀어야 하는 2차 발효시간 모두 약 30~50분 정도 소요될 것이나, 당시의 상태로 판단하는 것이 우선입니다. 반죽 온도가 높게 나올수록 모든 발효시간은 더욱 짧아지며, 반죽의 물 양을 줄여 반죽하여 정상 반죽보다 반죽이 되거나, 어린 반죽(믹싱이 덜 된 경우)의 발효시간은 늘어나게 됩니다. 또한 시험장에서 발효실 문을 너무 자주 여닫아 발효실의 온습도가 자꾸 내려가면 발효시간은 더욱 길어지게 됩니다. 따라서 시간 개념보다는 '상태 개념'으로 발효 상태를 파악하는 능력을 키워야 합니다.

오븐의 온도조절과 굽는 시간이 항상 같나요?
빵이 익었는지 익지 않았는지 어떻게 확인하나요?

제빵

분할량은 굽는 시간과 직접적인 관련이 있습니다. 예를 들어 분할량이 500g 내외인 식빵의 경우 30분 정도 구워야 윗색, 옆색이 모두 골고루 갈색이 됩니다. 분할량이 작은 단과자(소보로, 크림빵, 단팥빵 등)의 경우 윗불 190℃ 정도에서 15~20분 정도 걸립니다. 하드계열인 바게트나 하드롤은 초반엔 220℃ 이상의 고온에서 칼집 넣은 부위가 솟아올라 평평해지면서 색이 들기 시작하면 200℃로 줄여 색이 골고루 들도록 구워줍니다. 이렇듯 색이 전체적으로 황금갈색이 들었다면 익은 것입니다(단, 현장에선 좀 더 높은 온도에서 단시간 구워내 굽기 손실을 최소한으로 줄여 굽는데, 이러한 생산 현장용 굽기 방법은 많은 테크닉을 요합니다).

제과

일반적으로 케이크류는 반죽법, 반죽 온도, 비중, 패닝량에 따라 달라집니다. 실례로 화학적 팽창을 하는(B.P가 들어가는) 반죽형 반죽이 거품형 반죽보다 굽는 시간이 늘어나며, 반죽 온도가 정상보다 낮거나 비중이 높게 나왔다면 굽는 시간이 늘어납니다. 당연히 패닝양이 많을수록 굽는 시간은 길어지게 됩니다. 이때 윗색만 보고 판단하면 안 익은 경우가 많습니다. 예를 들어 21cm 원형 3호틀에 60% 패닝한 반죽형 반죽의 굽는 시간이 40분 정도라고 할 때 완전히 익은 상태에서 황금갈색이 나야 하는데 반죽이 완전히 익지 않아 출렁거리는 상태라면 윗불 온도를 줄여 윗색이 타지 않도록 주의해야 하고, 반대로 충분히 40분 이상 구웠는데 색이 연하다면 윗불 온도가 너무 낮은 것이므로 온도를 높여 구워야 합니다. 오븐 온도는 중간에 올리고 내릴 수 있으나 익히는 것이 가장 중요합니다. 그다음으로는 예쁜 황금갈색이 들어야 한다는 것입니다. 익었는지 안 익었는지는 케이크의 중심부를 손가락으로 살짝 두드려보는 방법이 가장 좋은데, 껍질의 질감과 탄력을 느낄 수 있습니다. 또는 이쑤시개를 케이크의 중심부에 사선으로 꽂아보았을 때 묻어나지 않는다면 익은 것인데 이 방법을 완벽하게 확신할 수는 없습니다. 반죽형 반죽은 약간 설익어도 잘 묻어나지 않기 때문입니다.

결론적으로, 대략 굽는 시간을 참고하면서 오븐 온도를 조절하여 황금갈색으로 구워내고 손끝으로 껍질의 질감과 탄력이 느껴질 때 완전히 익었다고 보며, 시간보다는 "상태"로 판단해야 한다는 뜻입니다.

CRAFTSMAN BREADS MAKING

제빵 기능사

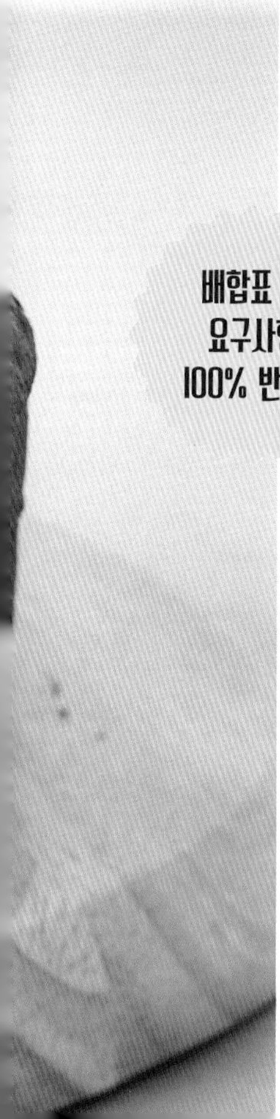

배합표 및 요구사항 100% 반영!!

- 식빵(비상스트레이트법)
- 우유 식빵
- 옥수수 식빵
- 호밀빵
- 풀만 식빵
- 버터톱 식빵
- 밤식빵
- 쌀식빵
- 단팥빵(비상스트레이트법)
- 단과자빵(소보로빵)
- 단과자빵(크림빵)
- 단과자빵(트위스트형)
- 스위트롤
- 버터롤
- 모카빵
- 빵도넛
- 그리시니
- 베이글
- 소시지빵
- 통밀빵

※ 시험장에서는 시간관계상 1·2차 발효실의 온도를 높이는데 이러한 이유로 발효시간이 짧아지기 때문에 책과 영상의 발효시간이 다를 수 있습니다.

My
Baking

식빵

White Pan Bread

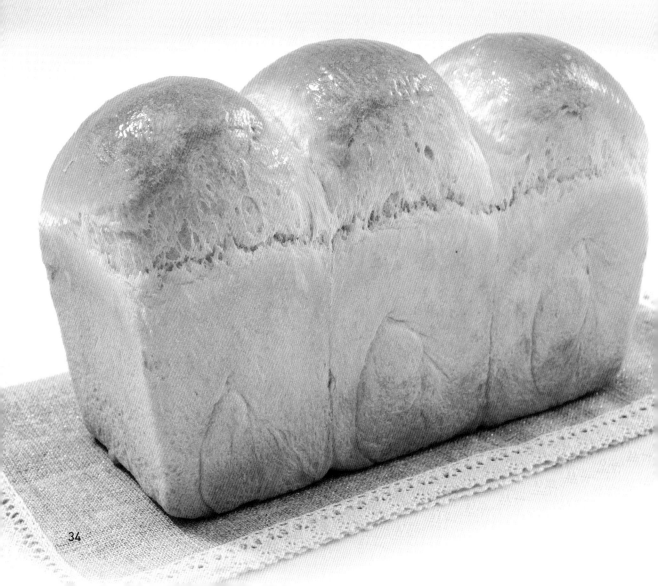

✚ 배합표

재료명	비상스트레이트	
	비율(%)	무게(g)
강력분	100	1,200
물	63	756
이스트	5	60
제빵개량제	2	24
설 탕	5	60
쇼트닝	4	48
탈지분유	3	36
소 금	1.8	21.6(22)
계	183.8	2,205.6(2,206)

제빵 준비물

✚ 요구사항

다음 요구사항대로 식빵(비상스트레이트법)을 제조하여 제출하시오.

❶ 배합표의 각 재료를 계량하여 재료별로 진열하시오(8분).

❷ 비상스트레이트법 공정에 의해 제조하시오(반죽 온도는 30℃로 한다).

❸ 표준 분할 무게는 170g으로 하고, 제시된 팬의 용량을 감안하여 결정하시오(단, 분할 무게×3을 1개의 식빵으로 함).

❹ 반죽은 전량을 사용하여 성형하시오.

- 믹싱 상태는 120%, 반죽 온도는 30℃로 만드세요.
- 2차 발효 완료점을 확인하는 것이 제일 중요해요.
- 균형감 있는 완벽한 삼봉식빵이 되도록 하고 브레이크(위 터짐) 필수예요.

01 반죽 → 1차 발효 → 분할 → 둥글리기

❶ 전 재료를 넣고 저속(기어 1단)에서 믹싱을 시작한다.

❷ 중속(기어 2단)에서 8~10분, 고속(기어 3단)에서 2~3분 믹싱한 후, 글루텐 120%, 반죽 온도 30℃로 만든다(부드럽고 매끄러우며 신장성이 최대인 단계 : 최종단계).

❸ 30℃, 75~80% 발효실에서 20~25분 발효한다(부피가 2~3배 될 때까지 발효한다).

❹ 170g×3개씩 분할하여 둥글리기한다(총 12개).

〰〰 Baking Tip

• 다른 일반적인 식빵보다 믹싱시간이 약 20% 더 걸려요.

02 중간발효 → 성형

❶ 반죽이 마르지 않도록 비닐을 덮어 10분 정도 발효한다(부피가 2배 정도 되도록 한다).

❷ 밀대로 가스를 빼며 일정한 두께로 밀어 3겹 접기한 후 좌우대칭이 되도록 둥글게 말아 이음매를 단단히 봉해 삼봉형으로 성형한다.

〰〰 Baking Tip

• 한겨울에는 중간발효를 발효실에서 하세요.

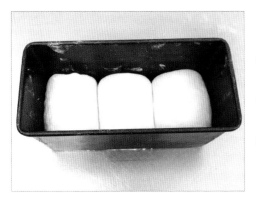

03 패닝 → 2차 발효 → 굽기

① 이음매를 아래로 하여 식빵팬에 3개를 넣고 밑면이 평평하고 삼봉형이 잘 나오도록 살짝 가볍게 눌러준다.
② 온도 38~40℃, 습도 85~90%에서 20~30분 정도 발효시킨다. → 틀 높이 정도 올라온 상태가 되게 한다.
③ 윗불 170℃, 아랫불 190℃에서 약 30분 굽는다(불 조절에 유의한다).

🥐 Baking Tip

• 2차 발효시간은 약 20~30분 정도예요.
• 2차 발효되는 속도가 다를 경우 먼저 발효된 것부터 오븐에 넣으세요.
• 식빵 종류의 시작 온도는 모두 같지만 윗불을 조절하며 윗색과 옆색이 모두 황금 갈색이 꼭 나와야 해요.
• 시간은 참고사항이니 시간보다는 '색'을 기준으로 보고 틀에서 빼세요.

04 제출하기

① 냉각팬에 흰 종이를 깔고 정성스럽게 디스플레이(Display)한 후 제출한다.

🥐 Baking Tip

• 제출할 때는 등에 부착했던 수검번호를 뗀 후 작품 옆에 올려 함께 제출하세요.
• 부피, 균형감, 껍질색(윗색, 옆색)이 특히 중요해요.
• 실제로 시험장에선 시간관계상 1차 발효와 2차 발효의 온습도를 2차 발효 온습도에 맞춰주는 경우가 많아요.

발효 종류		건열(℃)	습열(℃)	습도(%)
일반 발효	1차 발효	35	32	80
	2차 발효	38	40	90
건조 발효	1차 발효	34	32	75
	2차 발효	34	34	80

3시간 40분

난이도
★★☆☆☆

My
Baking

우유 식빵

Milk Pan Bread

✚ 배합표

재료명	비율(%)	무게(g)
강력분	100	1,200
우 유	40	480
물	29	348
이스트	4	48
제빵개량제	1	12
소 금	2	24
설 탕	5	60
쇼트닝	4	48
계	185	2,220

제빵 준비물

✚ 요구사항

다음 요구사항대로 우유 식빵을 제조하여 제출하시오.

❶ 배합표의 각 재료를 계량하여 재료별로 진열하시오(8분).

❷ 반죽은 스트레이트법으로 제조하시오(단, 유지는 클린업 단계에 첨가하시오).

❸ 반죽 온도는 27℃를 표준으로 하시오.

❹ 표준 분할 무게는 180g으로 하고, 제시된 팬의 용량을 감안하여 결정하시오(단, 분할 무게×3을 1개의 식빵으로 함).

❺ 반죽은 전량을 사용하여 성형하시오.

- 반죽의 힘이 강하므로 반죽을 좀 오래 치세요.
- 2차 발효 완료점 : 틀 높이 정도로 하세요.

01 반죽 → 1차 발효 → 분할 → 둥글리기

① 쇼트닝을 제외한 전 재료를 넣고 저속(기어 1단)에서 믹싱하기 시작한다.

② 중속(기어 2단)을 넣고 2~3분 믹싱한 후 클린업 단계에서 쇼트닝을 넣고 고속(기어 3단)으로 글루텐 100%, 반죽 온도 27℃로 만든다(부드럽고 매끄러우며 신장성이 최대인 단계 : 최종단계).

③ 27℃, 75~80% 발효실에서 80분 발효한다(부피가 2~3배 될 때까지 한다).

④ 180g×3개씩 분할하여 둥글리기한다(총 12개).

🥐 **Baking Tip**
• 겨울엔 우유와 물을 살짝 데워서 사용하세요. 그렇지 않으면 반죽시간이 너무 오래 걸려요.

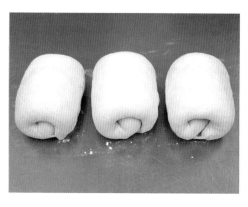

02 중간발효 → 성형

① 반죽이 마르지 않도록 비닐을 덮어 10분 동안 발효한다(부피가 2배 정도 되도록 한다).

② 밀대로 가스를 빼며 일정한 두께로 밀어 3겹 접기한 후 좌우대칭이 되도록 둥글게 말아 이음매를 단단히 봉해 삼봉형으로 성형한다.

🥐 **Baking Tip**
• 한겨울에는 중간발효를 발효실에서 하세요(나무로 된 발효판이 있으면 사용하세요).

03 패닝 → 2차 발효 → 굽기

❶ 이음매를 아래로 하여 식빵팬에 3개를 넣고 밑면이 평평하고 삼봉형이 잘 나오도록 살짝 가볍게 눌러준다.
❷ 온도 38~40℃, 습도 85~90%에서 30~40분 발효한다.
  → 틀 높이 정도 올라온 상태가 되게 한다.
❸ 윗불 170℃, 아랫불 190℃에서 약 30분 굽는다(불 조절).

🥖 Baking Tip
• 2차 발효시간은 대략 30~40분 정도 걸려요.
• 윗색이 빨리 들어요. 윗불을 줄여서 갈색으로 들여주세요.

04 제출하기

❶ 냉각팬에 흰 종이를 깔고 정성스럽게 디스플레이(Display)한 후 제출한다.

🥖 Baking Tip
• 부피, 균형감, 껍질색(윗색, 옆색)이 특히 중요해요.

🕐 3시간 40분

난이도
★ ★ ★ ☆ ☆

옥수수 식빵

Corn Pan Bread

재료명	비율(%)	무게(g)
강력분	80	960
옥수수분말	20	240
물	60	720
이스트	3	36
제빵개량제	1	12
소 금	2	24
설 탕	8	96
쇼트닝	7	84
탈지분유	3	36
달 걀	5	60
계	189	2,268

제빵 준비물

+ 요구사항

다음 요구사항대로 옥수수 식빵을 제조하여 제출하시오.

❶ 배합표의 각 재료를 계량하여 재료별로 진열하시오(10분).

❷ 반죽은 스트레이트법으로 제조하시오(단, 유지는 클린업 단계에서 첨가하시오).

❸ 반죽 온도는 27℃를 표준으로 하시오.

❹ 표준 분할 무게는 180g으로 하고, 제시된 팬의 용량을 감안하여 결정하시오(단, 분할 무게×3을 1개의 식빵으로 함).

❺ 반죽은 전량을 사용하여 성형하시오.

• 반죽시간이 길어지지 않도록 주의하세요.

• 식빵 옆색이 확실하게 들게 해 주세요.

• 반죽이 끈적거리므로 덧가루를 넉넉히 쓰면서 둥글리기와 성형을 하세요.

01 반죽 → 1차 발효 → 분할 → 둥글리기

❶ 쇼트닝을 제외한 전 재료를 넣고 저속(기어 1단)에서 믹싱을 시작한다.

❷ 중속(기어 2단)을 넣고 2~3분 믹싱한 후 클린업 단계에서 쇼트닝을 넣고 고속(기어 3단)에서 글루텐 90%, 반죽 온도 27℃로 만든다.

❸ 27℃, 75~80% 발효실에서 70분 발효한다(부피가 2~3배 될 때까지 한다).

❹ 180g×3개씩 분할하여 둥글리기한다(총 12개).

🥖 **Baking Tip**

• 반죽시간이 길어질수록 질어지는 느낌이 들어요.

• 한 덩어리로 뭉쳐지지 않으니 오버믹싱(Over Mixing)하지 마세요.

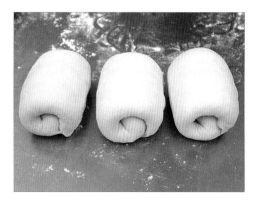

02 중간발효 → 성형

❶ 반죽이 마르지 않도록 비닐을 덮어 10분 동안 발효한다(부피가 2배 정도 되도록 한다).

❷ 밀대로 가스를 빼며 일정한 두께로 밀어 3겹 접기한 후 좌우대칭이 되도록 둥글게 말아 이음매를 단단히 봉해 삼봉형으로 성형한다.

🥖 **Baking Tip**

• 이음매가 잘 안 붙으면 덧가루를 손에 묻혀가며 꼭꼭 붙이세요.

03 패닝 → 2차 발효 → 굽기

① 이음매를 아래로 하여 식빵팬에 3개를 넣고 밑면이 평평하고 삼봉형이 잘 나오도록 살짝살짝 가볍게 눌러준다.

② 온도 38~40℃, 습도 85~90%에서 30~40분 발효한다.
→ 틀 높이 정도까지 발효시킨다.

③ 윗불 170℃, 아랫불 190℃에서 약 30분 굽는다(불 조절).

🥖 Baking Tip

• 색이 빨리, 짙게 나오므로 온도를 조절하며 구우세요.
• 옆색을 잘 들이세요. 덜 구우면 옆이 주저앉아요.

04 제출하기

① 냉각팬에 흰 종이를 깔고 정성스럽게 디스플레이(Display)한 후 제출한다.

🥖 Baking Tip

• 부피, 균형감, 껍질색(윗색, 옆색)이 특히 중요해요.

My
Baking

호밀빵

Rye Bread

✚ 배합표

재료명	비율(%)	무게(g)
강력분	70	770
호밀가루	30	330
이스트	3	33
제빵개량제	1	11(12)
물	60~65	660~715
소 금	2	22
황설탕	3	33(34)
쇼트닝	5	55(56)
탈지분유	2	22
몰트액	2	22
계	178~183	1,958~2,016

제빵 준비물

✚ 요구사항

다음 요구사항대로 호밀빵을 제조하여 제출하시오.

❶ 배합표의 각 재료를 계량하여 재료별로 진열하시오(10분).

❷ 반죽은 스트레이트법으로 제조하시오.

❸ 반죽 온도는 25℃를 표준으로 하시오.

❹ 표준 분할 무게는 330g으로 하시오.

❺ 제품의 형태는 타원형(럭비공 모양)으로 제조하고, 칼집 모양을 가운데 일자로 내시오.

❻ 반죽은 전량을 사용하여 성형하시오.

- 반죽시간은 약간 짧게, 온도는 낮게(25℃) 하세요.
- 반죽을 오래 치면 온도도 올라가고 반죽이 질어져요.
- 제품의 옆면이 터지지 않아야 해요.

01 반죽 → 1차 발효 → 분할 → 둥글기기

① 전 재료를 넣고 저속(기어 1단)에서 믹싱을 시작한다.
② 중속(기어 2단)을 넣고 7∼8분 믹싱한 후, 일반 식빵의 80%
정도 믹싱한다(반죽 온도 25℃).
③ 27℃, 75∼80% 발효실에서 70분 발효한다(부피가 2∼3배
될 때까지 한다).
④ 330g×3개씩 분할하여 둥글기기한다(총 6개).

Baking Tip
• 물의 양은 여름에는 조금 적게, 겨울에는 조금 넉넉하게 조절하세요(660∼693g 사이).

02 중간발효 → 성형

① 반죽이 마르지 않도록 비닐을 덮어 10분 정도 발효한다(부
피가 2배 정도 되도록 한다).
② 반죽을 눌러 가스를 뺀 후 일정한 두께의 타원형으로 밀어 럭
비공 모양으로 돌돌 말아 놓는다.

Baking Tip
• 반죽의 힘과 탄력이 없으므로 둥글기기와 성형 시 주의하세요.
• 끈적거리면 덧가루를 넉넉히 쓰면서 하세요.

03 패닝 → 2차 발효 → 굽기

❶ 이음매를 아래로 하여 평철판에 3개를 간격에 맞춰 패닝한다.

❷ 온도 32~35℃, 습도 85%에서 30~40분 발효한다(반죽을 흔들었을 때 약간 흔들리는 정도).

❸ 칼집을 일자로 약하게 한 번 넣고, 한쪽 면에 한 번 더 깊게 칼집을 넣는다.

❹ 분무기로 물을 골고루 뿌리고 윗불 220℃, 아랫불 200℃에서 10분 구운 후 윗불을 200℃로 줄여 10분 정도 더 굽는다.

🥐 **Baking Tip**
• 반죽색 자체가 어두워 색을 들이기가 쉽지 않아요.
• 굽는 시간을 확인하며 구우세요.

04 제출하기

❶ 냉각팬에 흰 종이를 깔고 정성스럽게 디스플레이(Display)한 후 제출한다.

🥐 **Baking Tip**
• 부피, 균형감, 껍질색(윗색, 옆색)이 특히 중요해요.
• 제품의 옆이 터지면 안 돼요.

My
Baking

풀만 식빵

Pullman Bread

✚ 배합표

재료명	비율(%)	무게(g)
강력분	100	1,400
물	58	812
이스트	4	56
제빵개량제	1	14
소 금	2	28
설 탕	6	84
쇼트닝	4	56
달 걀	5	70
분 유	3	42
계	183	2,562

제빵 준비물

✚ 요구사항

다음 요구사항대로 풀만 식빵을 제조하여 제출하시오.

❶ 배합표의 각 재료를 계량하여 재료별로 진열하시오(9분).

❷ 반죽은 스트레이트법으로 제조하시오(단, 유지는 클린업 단계에 첨가하시오).

❸ 반죽 온도는 27℃를 표준으로 하시오.

❹ 표준 분할 무게는 250g으로 하고, 제시된 팬의 용량을 감안하여 결정하시오(단, 분할 무게×2를 1개의 식빵으로 함).

❺ 반죽은 전량을 사용하여 성형하시오.

- 성형할 때 가스빼기를 잘하세요.
- 팬의 높이보다 약간 낮게 2차 발효시키고 뚜껑이 밀리거나 열리지 않게 잘 덮으세요.
- 모서리의 각을 확실하게 잡아야 해요.

01 반죽 → 1차 발효 → 분할 → 둥글리기

① 쇼트닝을 제외한 전 재료를 넣고 저속(기어 1단)에서 믹싱하기 시작한다.

② 중속(기어 2단)을 넣고 2~3분 믹싱한 후 클린업 단계에서 쇼트닝을 넣고 고속(기어 3단)에서 글루텐 100%, 반죽 온도 27℃로 만든다(부드럽고 매끄러우며 신장성이 최대인 단계 : 최종단계).

③ 27℃, 75~80% 발효실에서 70분 발효한다(부피가 2~3배 될 때까지 한다).

④ 250g×2개씩 분할하여 둥글리기를 한다(총 10개).

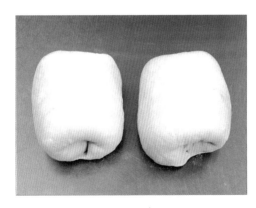

02 중간발효 → 성형

① 반죽이 마르지 않도록 비닐을 덮어 10~20분 발효한다(부피가 2배 정도 되도록 한다).

② 밀대로 가스를 빼며 일정한 두께로 밀어 3겹 접기한 후 좌우대칭이 되도록 둥글게 말아 이음매를 단단히 봉해 두 덩어리로 성형한다.

03 패닝 → 2차 발효 → 굽기

① 이음매를 아래로 하여 풀만틀에 2개의 덩어리를 넣고 밑면이 평평하고 두 봉우리가 똑같이 올라오도록 가볍게 눌러준다.
② 온도 38~43℃, 습도 85%에서 30~40분 발효한다. → 틀 아래 0.5cm에서 뚜껑을 덮는다(뚜껑이 간신히 덮일 정도로 한다).
③ 윗불 180℃, 아랫불 180℃에서 40분 정도 굽는다.

🍞 Baking Tip

• 두 개의 봉우리가 똑같이 올라오지 않았거나 약간 덜 올라왔다면 뚜껑을 덮은 채 잠시 기다렸다가 구우면 좀 더 각을 잘 살릴 수 있어요.
• 굽는 시간을 꼭 체크하세요.

04 제출하기

① 냉각팬에 흰 종이를 깔고 정성스럽게 디스플레이(Display)한 후 제출한다.

🍞 Baking Tip

• 꼭 각이 살아야 해요.
• 옆색이 잘 들어야 해요.
• 윗면이 바닥으로 가도록 해서 식히세요. 식으면서 윗면이 움푹 파이는 경향이 있으므로 평평하게 나오게 하기 위해서입니다. 감독관께서 평가하실 때 똑바로 놓고 보실 거예요(사진은 윗면이 위로 가도록 나왔어요).

버터톱 식빵

Butter Top Bread

✦ 배합표

재료명	비율(%)	무게(g)
강력분	100	1,200
물	40	480
이스트	4	48
제빵개량제	1	12
소 금	1.8	21.6(22)
설 탕	6	72
버 터	20	240
탈지분유	3	36
달 걀	20	240
계	195.8	2,349.6(2,350)

※ 충전용 재료는 계량시간에서 제외

버터(바르기용)	5	60

제빵 준비물

✦ 요구사항

다음 요구사항대로 버터톱 식빵을 제조하여 제출하시오.

❶ 배합표의 각 재료를 계량하여 재료별로 진열하시오(9분).

❷ 반죽은 스트레이트법으로 만드시오(단, 유지는 클린업 단계에서 첨가하시오).

❸ 반죽 온도는 27℃를 표준으로 하시오.

❹ 분할 무게 460g짜리 5개를 만드시오(한 덩이 : One Loaf).

❺ 윗면을 길이로 자르고 버터를 짜 넣는 형태로 만드시오.

❻ 반죽은 전량을 사용하여 성형하시오.

Chef's note

- One Loaf(한 덩이) 성형 시 너무 얇게 밀지 마세요.
- 2차 발효를 틀 아래 1.5~2cm 정도만 하세요.
- 칼집을 가급적 한 번만 4~5mm 정도의 깊이로 깔끔하게 넣고 버터를 짜세요.

01 반죽 → 1차 발효 → 분할 → 둥글리기

① 버터를 제외한 전 재료를 넣고 저속(기어 1단)에서 믹싱을 시작한다.

② 중속(기어 2단)을 넣고 2~3분 믹싱한 후 클린업 단계에서 버터를 넣고 고속(기어 3단)에서 글루텐 100%, 반죽 온도 27℃로 만든다(부드럽고 매끄러우며 신장성이 최대인 단계 : 최종단계).

③ 27℃, 75~80% 발효실에서 50분 발효한다(부피가 2~3배 될 때까지 한다).

④ 460g×5개로 분할하여 둥글리기한다.

🍞 Baking Tip

• 분할량이 큰 반죽을 둥글리기할 때는 손에 덧가루를 충분히 바르고 양손으로 주고받듯이 약간 누르면서 해보세요.

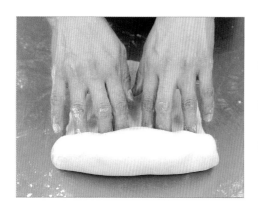

02 중간발효 → 성형

① 반죽이 마르지 않도록 비닐을 덮어 10~20분 발효한다(부피가 2배가 되도록 한다).

② 밀대로 가스를 빼며 일정한 두께로 타원형으로 밀어 위에서부터 돌돌 말아 이음매를 단단히 봉한다.

③ 종이 짤주머니를 만들거나, 비닐 짤주머니를 준비해 미리 부드럽게 만들어 둔 버터(바르기용 60g)를 넣은 후 약 5mm 정도 잘라 준비한다.

03 패닝 → 2차 발효 → 굽기

❶ 이음매를 아래로 하여 식빵팬에 1개의 덩어리를 넣고 밑면이 평평하도록 가볍게 눌러준다.

❷ 온도 38~43℃, 습도 85%에서 25~30분 발효한다. → 틀 아래 1.5~2cm로 한다.

❸ 반죽 윗면 가운데 직선으로 4~5mm 정도 깊이로 깔끔하게 칼집을 넣고(가급적 한 번만) 버터를 짠다.

❹ 윗불 170℃, 아랫불 190℃에서 약 30분 굽는다.

🥖 Baking Tip

• 2차 발효가 절대 틀 위로 넘치면 안 돼요. 오븐 팽창이 아주 크답니다.
• 칼날은 미리 준비해 가시고 윗면 가운데에 4~5mm 깊이로 깔끔하게 칼집을 넣고 버터를 한 줄 짜세요(칼집을 여러 번 넣으면 지저분해요).
• 2차 발효가 오버되면 윗면이 많이 솟고 옆면이 심하게 들어가니 조심하세요.

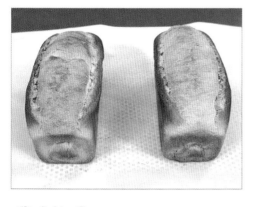

04 제출하기

❶ 냉각팬에 흰 종이를 깔고 정성스럽게 디스플레이(Display)한 후 제출한다.

🥖 Baking Tip

• 완성 시 가운데 부분이 솟아올라야 해요.

My
Baking

밤식빵

Chestnut Pan Bread

반 죽

재료명	비율(%)	무게(g)
강력분	80	960
중력분	20	240
물	52	624
이스트	4.5	54
제빵개량제	1	12
소 금	2	24
설 탕	12	144
버 터	8	96
탈지분유	3	36
달 걀	10	120
계	192.5	2,310

토 핑

재료명	비율(%)	무게(g)
마가린	100	100
설 탕	60	60
베이킹파우더	2	2
달 걀	60	60
중력분	100	100
아몬드 슬라이스	50	50
계	372	372

※ 충전용 · 토핑용 재료는 계량시간에서 제외

밤(다이스) (시럽 제외)	35	420

반죽 준비물

토핑 준비물

✚ 요구사항

다음 요구사항대로 밤식빵을 제조하여 제출하시오.

❶ 반죽 재료를 계량하여 재료별로 진열하시오(10분).

❷ 반죽은 스트레이트법으로 제조하시오.

❸ 반죽 온도는 27℃를 표준으로 하시오.

❹ 분할 무게는 450g으로 하고, 성형 시 450g의 반죽에 80g의 통조림 밤을 넣고 정형하시오(한 덩이 : One Loaf).

❺ 토핑물을 제조하여 굽기 전에 토핑하고 아몬드를 뿌리시오.

❻ 반죽은 전량을 사용하여 성형하시오.

• 반죽을 너무 얇지 않게 밀어 밤을 골고루 펴서 넣으세요.

• 2차 발효는 틀 아래 1cm로 하세요.

• 토핑을 크림법으로 1차 발효 중 능숙하게 제작하며 미리 납작깍지를 넣은 짤주머니 안에 넣어 두세요.

01 반죽 → 1차 발효 → 분할 → 둥글기

❶ 전 재료를 넣고 저속(기어 1단)에서 믹싱을 시작한다.

❷ 중속(기어 2단)을 넣고 7~9분, 고속(기어 3단)에서 2~3분 믹싱한 후, 글루텐 100%, 반죽 온도 27℃로 만든다(부드럽고 매끄러우며 신장성이 최대인 단계 : 최종단계).

❸ 27℃, 75~80% 발효실에서 50분 발효한다(부피가 2~3배 될 때까지 한다).

❹ 450g×5개로 분할하여 둥글리기한다.

🍞 Baking Tip

• 밤의 물기를 마른 행주 등으로 제거해 주세요.

02 중간발효 → 성형

❶ 반죽이 마르지 않도록 비닐로 덮어 10~20분 발효한다(부피가 2배 정도 되도록 한다).

❷ 밀대로 가스를 빼며 일정한 두께의 타원형으로 민다.

❸ 80g의 밤을 골고루 펴서 깔고 위에서부터 돌돌 말아 이음매를 단단히 봉한다.

🍞 Baking Tip

• 가운데 구멍이 나지 않도록 위에서부터 돌돌 말아 내려오다 맨 아랫부분의 양쪽을 잡아당겨 일자로 붙이세요.

• 럭비공 모양으로 성형해도 돼요.

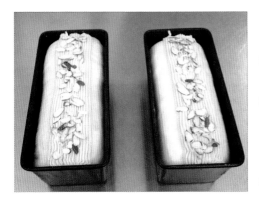

03   패닝 → 2차 발효 → 굽기

❶ 이음매를 아래로 하여 식빵팬에 1개의 덩어리를 넣고 밑면이 평평하도록 가볍게 눌러준다.

❷ 온도 38~40℃, 습도 85~90%에서 20~30분 발효한다. → 틀 아래 1cm까지 발효시켜 토핑을 4~5줄 얇게 골고루 짜고 아몬드 슬라이스를 뿌린다(구운 후 토핑이 흘러내려 윗면을 완전히 덮어야 함).

❸ 윗불 180℃, 아랫불 180℃에서 약 30분 굽는다.

🥖 Baking Tip

• 토핑 만들기(1차 발효 중 만드세요. 동영상 참고)
　① 마가린을 부드럽게 푼다. 　　　　　　② 설탕을 두 번에 나눠 넣고 크림화한다.
　③ 달걀을 넣고 크림화한다. 　　　　　　④ 체 친 가루(중력분 + B.P)를 주걱으로 섞는다.
• 납작깍지 끼운 짤주머니에 토핑을 미리 넣어 두세요.
• 반죽을 너무 얇게 밀면 구운 후 밤이 튀어나와요.
• 토핑이 타지 않게 색 관리를 잘 하세요.

04   제출하기

❶ 냉각팬에 흰 종이를 깔고 정성스럽게 디스플레이(Display)한 후 제출한다.

🥖 Baking Tip

• 부피, 균형감, 껍질색(윗색, 옆색)이 특히 중요해요.
• 완성된 식빵에서는 토핑이 자연스럽게 흘러 식빵 윗면이 완전히 덮여야 해요.

⏰ 3시간 40분

난이도
★ ★ ★ ☆ ☆

My
Baking

쌀식빵

Rice Bread

재료명	비율(%)	무게(g)
강력분	70	910
쌀가루	30	390
물	63	819(820)
이스트	3	39(40)
소 금	1.8	23.4(24)
설 탕	7	91(90)
쇼트닝	5	65(66)
탈지분유	4	52
제빵개량제	2	26
계	185.8	2,415.4(2,418)

제빵 준비물

✚ 요구사항

다음 요구사항대로 쌀식빵을 제조하여 제출하시오.

❶ 배합표의 각 재료를 계량하여 재료별로 진열하시오(9분).

❷ 반죽은 스트레이트법으로 제조하시오(단, 유지는 클린업 단계에서 첨가하시오).

❸ 반죽 온도는 27℃를 표준으로 하시오.

❹ 분할 무게는 198g씩으로 하고, 제시된 팬의 용량을 감안하여 결정하시오(단, 분할 무게×3을 1개의 식빵으로 함).

❺ 반죽은 전량을 사용하여 성형하시오.

• 온도가 지나치게 높아지지 않게 하세요.

• 가급적 2단으로 충분히 반죽하세요.

01 반죽 → 1차 발효 → 분할 → 둥글리기

❶ 쇼트닝을 제외한 전 재료를 넣고 저속(기어 1단)에서 믹싱하기 시작한다.

❷ 중속(기어 2단)을 넣고 2~3분 믹싱한 후 클린업 단계에서 쇼트닝을 넣고 저속(기어 2단)으로 8~10분 정도 믹싱하고, 반죽 온도는 27℃로 만든다(부드럽고 매끄러우며 신장성도 좋은 상태).

❸ 27℃, 75~80% 발효실에서 30분 정도 발효한다.

❹ 198g×3개씩, 총 12개로 분할하여 둥글리기한다.

🍞 **Baking Tip**
· 겨울엔 물 온도를 높여 따뜻한 물로 반죽하세요.

02 중간발효 → 성형

❶ 반죽이 마르지 않도록 비닐을 덮어 10분 동안 발효한다(부피가 2배 정도로 되도록 한다).

❷ 밀대로 가스를 빼며 일정한 두께로 밀어 3겹 접기한 후 좌우대칭이 되도록 둥글게 말아 이음매를 단단히 봉해 삼봉형으로 성형한다.

🍞 **Baking Tip**
· 성형할 때 반죽이 찢어지지 않도록 살살 성형하세요.

03 패닝 → 2차 발효 → 굽기

❶ 이음매를 아래로 하여 식빵팬에 3개를 넣고 밑면이 평평하고 삼봉형이 잘 나오도록 살짝 가볍게 눌러준다.

❷ 온도 38~40℃, 습도 85~90%에서 30~40분 발효한다. → 틀 높이까지만 2차 발효한다.

❸ 윗불 170℃, 아랫불 190℃에서 30분 정도 굽는다(불 조절).

04 제출하기

❶ 냉각팬에 흰 종이를 깔고 정성스럽게 디스플레이(Display)한 후 제출한다.

Baking Tip

• 부피, 균형감, 껍질색(윗색, 옆색)이 특히 중요해요.

My
Baking

단팥빵

Red Bean Bread

✚ 배합표

재료명	비상스트레이트	
	비율(%)	무게(g)
강력분	100	900
물	48	432
이스트	7	63(64)
제빵개량제	1	9(8)
소 금	2	18
설 탕	16	144
마가린	12	108
탈지분유	3	27(28)
달 걀	15	135(136)
계	204	1,836(1,838)

※ 충전용 재료는 계량시간에서 제외

통팥앙금	–	1,440

제빵 준비물

✚ 요구사항

다음 요구사항대로 단팥빵(비상스트레이트법)을 제조하여 제출하시오.

❶ 배합표의 각 재료를 계량하여 재료별로 진열하시오(9분).

❷ 반죽은 비상스트레이트법으로 제조하시오(단, 유지는 클린업 단계에 첨가하고, 반죽 온도는 30℃로 한다).

❸ 반죽 1개의 분할 무게는 50g, 팥앙금 무게는 40g으로 제조하시오.

❹ 반죽은 24개를 성형하여 제조하고, 남은 반죽은 감독위원의 지시에 따라 별도로 제출하시오.

- 팥앙금이 반죽의 중앙에 오도록 하여 위아래로 보이지 않도록 하세요.
- 반죽은 약간 오래 하고, 반죽 온도는 30℃임을 잊지 마세요.
- 구멍을 낼 때 누르개를 옆으로 뉘어 살짝 떼세요.

01 반죽 → 1차 발효 → 분할 → 둥글리기

❶ 마가린을 제외한 전 재료를 넣고 저속(기어 1단)에서 믹싱을 시작한다.

❷ 중속(기어 2단)을 넣고 2~3분 믹싱한 후 클린업 단계에서 마가린을 넣고 고속(기어 3단)에서 글루텐 120%, 반죽 온도 30℃로 만든다(부드럽고 매끄러우며 신장성이 최대인 단계 : 최종단계).

❸ 30℃, 75~80% 발효실에서 30분 발효한다(부피가 2~3배 될 때까지 한다).

❹ 50g씩 분할하여 둥글리기한다(총 36개).

🥖 Baking Tip

• 빵 반죽이 1차 발효 중일 때 앙금을 40g씩 떼어 동그랗게 빚어 놓아요(24개 → 한 판에 12개씩, 총 2판 제출).

• 남는 반죽은 제출하세요.

02 중간발효 → 성형

❶ 반죽이 마르지 않도록 비닐을 덮어 10분 정도 발효한다(부피가 2배 정도 되도록 한다).

❷ 앙금을 싸기 전에 반죽을 눌러 펴 가스를 뺀다.

❸ 앙금을 중앙에 오도록 잘 싸고 이음매를 잘 봉해 철판에 놓는다.

🥖 Baking Tip

• 팬 간격을 잘 맞춰 패닝하세요.

• 구멍을 너무 크게 뚫지 마세요. 2차 발효 뒤 들뜰 수 있어요.

• 구멍을 뚫고 나서는 자리를 바꾸지 마세요.

03   패닝 → 2차 발효 → 굽기

❶ 평철판에 간격을 맞춰 12개를 패닝하고(2판으로) 누르개로 누른 후 살짝 움직여주며 가운데에 0.5cm 정도의 구멍을 내어 달걀물을 바른다.

❷ 온도 38~40℃, 습도 85~90%에서 30분 정도 발효하되 윗면이 살짝 흔들리는 정도로 한다.

❸ 2차 발효를 한 후 구멍이 들뜨지 않도록 구멍 주변을 눌러준다.

❹ 윗불 190℃, 아랫불 150℃에서 12~15분 정도 굽는다.

Baking Tip

• 누르개에 덧가루를 묻혀 누르고 뗄 때 살짝 떼어야 해요.
• 누르개가 지급되지 않는다면 조금 납작하고 평평하게 눌러준 뒤 구우세요.

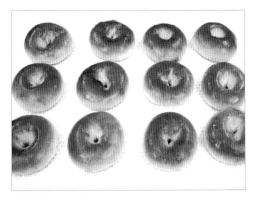

04   제출하기

❶ 냉각팬에 흰 종이를 깔고 정성스럽게 디스플레이(Display)한 후 제출한다.

Baking Tip

• 단팥빵 모양과 색깔이 일정해야 해요.
• 단팥빵 모양은 둥글게 하세요.
• 완성된 단팥빵에서는 가운데 뚫린 구멍이 솟아오르지 않고 살짝 안으로 옴폭 들어가 있어야 해요.

3시간 30분

난이도
★ ★ ★ ★ ★

My
Baking

단과자빵(소보로빵)

Streusel Bread

재료명	비율(%)	무게(g)
강력분	100	900
물	47	423(422)
이스트	4	36
제빵개량제	1	9(8)
소 금	2	18
마가린	18	162
탈지분유	2	18
달 걀	15	135(136)
설 탕	16	144
계	205	1,845 (1,844)

✚ 토핑용 소보로

재료명	비율(%)	무게(g)
중력분	100	300
설 탕	60	180
마가린	50	150
땅콩버터	15	45(46)
달 걀	10	30
물 엿	10	30
탈지분유	3	9(10)
베이킹파우더	2	6
소 금	1	3
계	251	753

※ 토핑용 재료는 계량시간에서 제외

빵 반죽 준비물

토핑 준비물

✚ 요구사항

다음 요구사항대로 단과자빵(소보로빵)을 제조하여 제출하시오.

❶ 빵 반죽 재료를 계량하여 재료별로 진열하시오(9분).

❷ 반죽은 스트레이트법으로 제조하시오(단, 유지는 클린업 단계에 첨가하시오).

❸ 반죽 온도는 27℃를 표준으로 하시오.

❹ 반죽 1개의 분할 무게는 50g씩, 1개당 소보로 사용량은 약 30g 정도로 제조하시오.

❺ 토핑용 소보로는 배합표에 따라 직접 제조하여 사용하시오.

❻ 반죽은 24개를 성형하여 제조하고, 남은 반죽과 토핑용 소보로는 감독위원의 지시에 따라 별도로 제출하시오.

• 소보로 토핑을 만들 때 크림화를 많이 하면 질어져 보슬보슬한 토핑을 만들기 어려우니 유의하세요.

• 2차 발효를 많이 하면 빵이 주저앉고, 2차 발효가 부족하면 빵이 작고 단단하게 되니 조심하세요.

01 반죽 → 1차 발효 → 분할 → 둥글기

❶ 마가린을 제외한 전 재료를 넣고 저속(기어 1단)에서 믹싱을 시작한다.

❷ 중속(기어 2단)을 넣고 2~3분 믹싱한 후 클린업 단계에서 마가린을 넣고 고속(기어 3단)으로 글루텐 100%, 반죽 온도 27℃로 만든다(부드럽고 매끄러우며 신장성이 최대인 단계 : 최종단계).

❸ 27℃, 75~80% 발효실에서 60분 발효한다(부피가 2~3배 될 때까지 한다).

❹ 50g씩 분할하여 둥글기기한다(총 36개).

🥖 Baking Tip

• 남은 반죽은 둥글기기한 후 제출하라고 할 수도 있고, 성형까지 한 후 제출하라고 할 수도 있으니 시험장에서 요구하는 대로 하면 돼요.

• 소보로 토핑은 빵 반죽이 1차 발효 중일 때 만들어요. 소보로 토핑 만드는 법은 다음과 같아요(동영상 참고).
  ① 마가린과 땅콩버터를 볼에 넣고 부드럽게 푼다. 그리고 설탕과 물엿을 섞어 크림을 만든다.
  ② 달걀에 소금을 섞어 녹여서 반죽에 넣고 크림화한다.
  ③ 체 친 가루(중력분 + B.P + 탈지분유)를 넣고 살살 섞어 보슬보슬하게 만든다.

02 중간발효 → 성형

❶ 반죽이 마르지 않도록 비닐을 덮어 10분 발효한다(부피가 2배 정도 되도록 한다).

❷ 작은 그릇에 물을 떠 놓는다. 작업대 위에 적당량의 토핑을 깔고 둥글기기하여 가스를 뺀 반죽의 윗면에 물을 묻혀 토핑 위에 올려놓고 두 손으로 눌러 토핑 30g을 골고루 묻힌다.

🥖 Baking Tip

• 소보로 토핑은 여름엔 크림화를 덜 시키고 밀가루도 살짝 섞은 뒤 냉장고에 넣어 두었다가 성형 시 꺼내 손으로 다시 적절하게 비벼 사용하세요.

03 패닝 → 2차 발효 → 굽기

① 평철판에 간격을 맞춰 12개를 패닝하고 중앙을 살짝 누른다.
② 온도 38~40℃, 습도 85~90%에서 20~25분 정도 발효하되 윗면이 살짝 흔들릴 때까지 발효한다.
③ 윗불 190℃, 아랫불 150℃에서 15분 정도 굽는다.

🥐 Baking Tip

• 소보로 토핑의 갈라짐이 적당해야 돼요(논바닥 갈라진 모양).
• 구울 때 색이 들면 자주 돌려주어야 색이 골고루 들어요.

04 제출하기

① 냉각팬에 흰 종이를 깔고 정성스럽게 디스플레이(Display)한 후 제출한다.

🥐 Baking Tip

• 소보로 제조공정과 완성 상태에 대한 점수의 비중이 높아요.

3시간 30분

난이도
★ ★ ★ ★ ☆

My
Baking

단과자빵 (크림빵)

Custard Cream Bread

✚ 배합표

재료명	비율(%)	무게(g)
강력분	100	800
물	53	424
이스트	4	32
제빵개량제	2	16
소 금	2	16
설 탕	16	128
쇼트닝	12	96
분 유	2	16
달 걀	10	80
계	201	1,608

※ 충전용 재료는 계량시간에서 제외

커스터드 크림	1개당 30g	360

제빵 준비물

✚ 요구사항

다음 요구사항대로 단과자빵(크림빵)을 제조하여 제출하시오.

❶ 배합표의 각 재료를 계량하여 재료별로 진열하시오(9분).

❷ 반죽은 스트레이트법으로 제조하시오(단, 유지는 클린업 단계에 첨가하시오).

❸ 반죽 온도는 27℃를 표준으로 하시오.

❹ 반죽 1개의 분할 무게는 45g, 1개당 크림 사용량은 30g으로 제조하시오.

❺ 제품 중 12개는 크림을 넣은 후 굽고, 12개는 반달형으로 크림을 충전하지 말고 제조하시오.

❻ 남은 반죽은 감독위원의 지시에 따라 별도로 제출하시오.

- 성형 시 타원형으로 크기가 일정하게 미세요(저는 7 × 13cm 정도로 해요).
- 크림 양은 30g을 정확하게 넣으세요.
- 크림이 새어나오지 않도록 물칠해서 붙이세요.

01 반죽 → 1차 발효 → 분할 → 둥글리기

❶ 쇼트닝을 제외한 전 재료를 넣고 저속(기어 1단)에서 믹싱을 시작한다.

❷ 중속(기어 2단)을 넣고 2~3분 믹싱한 후 클린업 단계에서 쇼트닝을 넣고 고속(기어 3단)에서 글루텐 100%, 반죽 온도 27℃로 만든다(부드럽고 매끄러우며 신장성이 최대인 단계 : 최종단계).

❸ 27℃, 75~80% 발효실에서 60분 발효한다(부피가 3배 될 때까지 한다).

❹ 45g×12개씩(1판) 분할하여 둥글리기한다(총 32개).

Baking Tip
• 남은 반죽은 둥글리기한 후 제출하라고 할 수도 있고, 성형까지 한 후 제출하라고 할 수도 있으니 시험장에서 요구하는 대로 하면 돼요.
• 커스터드 크림은 시험장에서 만들어 줄 거예요.
• 비충전형 크림빵은 밀어놓은 반죽 윗면에 식용유를 바르고 아랫면을 덮어 구워낸 후, 식혀서 크림을 충전해 제출해요.

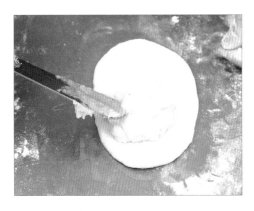

02 중간발효 → 성형

❶ 반죽이 마르지 않도록 비닐을 덮어 10~20분 발효한다(부피가 2배 정도 되도록 한다).

❷ 반죽을 눌러 가스를 뺀 후 밀대로 긴 타원형으로 민다.

❸ 충전형 – 크림을 중앙에 30g을 넣고 물칠하여 붙인다. 스크레이퍼로 5개의 칼집을 넣는다.
비충전형 – 윗면에 식용유를 반만 바르고 아랫면으로 덮는다(칼집 ×).

Baking Tip
• 칼집이 너무 깊으면 크림이 흘러나올 수 있으므로 1.5cm 정도 잘라요.
• 충전형 크림빵과 비충전형 크림빵의 크림을 넣는 면은 오른쪽 그림을 참고해요.

크림 넣기　식용유 바르기

충전형　　비충전형

03 패닝 → 2차 발효 → 굽기

① 평철판에 12개를 간격에 맞춰 패닝한 후 달걀물을 바른다.
② 온도 38~40℃, 습도 85~90%에서 30분 정도 윗면이 살짝 흔들릴 때까지 발효한다.
③ 윗불 190℃, 아랫불 150℃에서 12~15분 정도 굽는다.

🥐 Baking Tip

• 사선으로 패닝하면 구운 후 서로 붙어 나오지 않게 하는 데 도움이 돼요.
• 비충전형은 충전형과 같은 크기가 될 수 있도록 성형하세요.

04 제출하기

① 냉각팬에 흰 종이를 깔고 정성스럽게 디스플레이(Display)한 후 제출한다.

🥐 Baking Tip

• 크림이 흘러내리면 안 되고 빵 12개의 모양이 일정해야 해요.
• 뚜껑과 바닥이 딱 맞게 붙으면 좋고, 뚜껑이 살짝 앞으로 나와도 돼요.

단과자빵 (트위스트형)

Sweet Dough Bread

재료명	비율(%)	무게(g)
강력분	100	900
물	47	422
이스트	4	36
제빵개량제	1	8
소 금	2	18
설 탕	12	108
쇼트닝	10	90
분 유	3	26
달 걀	20	180
계	199	1,788

제빵 준비물

+ 요구사항

다음 요구사항대로 단과자빵(트위스트형)을 제조하여 제출하시오.

❶ 배합표의 각 재료를 계량하여 재료별로 진열하시오(9분).

❷ 반죽은 스트레이트법으로 제조하시오(단, 유지는 클린업 단계에 첨가하시오).

❸ 반죽 온도는 27℃를 표준으로 하시오.

❹ 반죽 분할 무게는 50g이 되도록 하시오.

❺ 모양은 8자형 12개, 달팽이형 12개로 2가지 모양으로 만드시오.

❻ 완제품 24개를 성형하여 제출하고, 남은 반죽은 감독위원의 지시에 따라 별도로 제출하시오.

- 반죽을 밀어서 펄 때 두께가 일정해야 해요.
- 작업대에 덧가루가 많으면 잘 구르지 않아요.
- 모양에 따라 길이를 다르게 조절해서 일정한 모양이 나오도록 성형해야 해요.

01 반죽 → 1차 발효 → 분할 → 둥글기기

❶ 쇼트닝을 제외한 전 재료를 넣고 저속(기어 1단)에서 믹싱을 시작한다.

❷ 중속(기어 2단)을 넣고 2~3분 믹싱한 후 클린업 단계에서 쇼트닝을 넣고 고속(기어 3단)에서 글루텐 100%, 반죽 온도 27℃로 만든다(부드럽고 매끄러우며 신장성이 최대인 단계 : 최종 단계).

❸ 27℃, 75~80% 발효실에서 70분 발효한다(부피가 3배 될 때까지 한다).

❹ 50g×12개씩(1판) 분할하여 둥글기기한다(총 35개).

Baking Tip
• 남은 반죽은 둥글기기한 후 제출하라고 할 수도 있고, 성형까지 한 후 제출하라고 할 수도 있으니 시험장에서 요구하는 대로 하면 돼요.

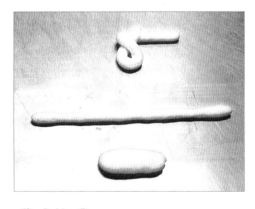

02 중간발효 → 성형

❶ 반죽이 마르지 않도록 비닐을 덮어 10~20분 발효한다(부피가 2배 정도 되도록 한다).

❷ 반죽을 눌러 가스를 뺀 후 8자형은 약 28cm, 달팽이형은 약 40~45cm로 밀어 꼰다.

Baking Tip
• 달팽이형은 한쪽을 가늘게 만들어 굵은 쪽을 중심으로 돌려 감아요.
• 손으로 들고 꼬는 방법도 있어요(동영상 참고).
• 머리가 나온 정도가 일정하도록 하면 깔끔해 보여요.
• 꼬리가 빠지지 않게 넉넉히 빼거나 옆에 붙여주세요.

03   패닝 → 2차 발효 → 굽기

❶ 평철판에 같은 모양의 성형된 반죽을 12개씩 간격을 맞춰 패닝한 후 달걀물을 바른다.

❷ 온도 38~40℃, 습도 85%에서 40분 정도 발효한다. 팬을 흔들면 살짝 흔들리는 정도로 한다.

❸ 윗불 190℃, 아랫불 150℃에서 12~15분 정도 굽는다.

🍞 Baking Tip

• 사선으로 패닝하면 구운 후 서로 붙어 나오지 않게 하는 데 도움이 돼요.

• 2차 발효는 좀 오래 하세요.

04   제출하기

❶ 냉각팬에 흰 종이를 깔고 정성스럽게 디스플레이(Display)한 후 제출한다.

🍞 Baking Tip

• 꼬는 실력을 보는 거예요. 순서를 잊지 마시고 능숙해지도록 열심히 연습하세요.

스위트롤

Sweet Roll

✚ 배합표

재료명	비율(%)	무게(g)
강력분	100	900
물	46	414
이스트	5	45(46)
제빵개량제	1	9(10)
소 금	2	18
설 탕	20	180
쇼트닝	20	180
탈지분유	3	27(28)
달 걀	15	135(136)
계	212	1,908(1,912)

※ 충전용 재료는 계량시간에서 제외

충전용 설탕	15	135(136)
충전용 계피가루	1.5	13.5(14)

제빵 준비물

충전용 준비물

✚ 요구사항

다음 요구사항대로 스위트롤을 제조하여 제출하시오.

❶ 배합표의 각 재료를 계량하여 재료별로 진열하시오 (9분).

❷ 반죽은 스트레이트법으로 제조하시오(단, 유지는 클린 업 단계에 첨가하시오).

❸ 반죽 온도는 27℃를 표준으로 사용하시오.

❹ 야자잎형 12개, 트리플리프(세잎새형) 9개를 만드시오.

❺ 계피설탕은 각자가 제조하여 사용하시오.

❻ 성형 후 남은 반죽은 감독위원의 지시에 따라 별도로 제출하시오.

Chef's note

- 자꾸 발효되기 때문에 밀기작업은 빠르게 해야 해요.
- 세로를 30~32cm 정도로 하여 반죽을 0.6cm 두 께 직사각형 모양으로 반으로 잘라서 미세요.
- 적당한 압력으로 약간 단단하게 말아야 해요.
- 말아놓은 두께가 일정한 원통형이어야 해요.

01 반죽 → 1차 발효 → 분할 → 둥글리기

① 쇼트닝을 제외한 전 재료를 넣고 저속(기어 1단)에서 믹싱을 시작한다.

② 중속(기어 2단)을 넣고 5~6분 믹싱한 후 클린업 단계에서 쇼트닝을 넣고 기어 2단 또는 기어 3단에서 글루텐 100%, 반죽 온도 27℃로 만든다(부드럽고 유연하며 신장성이 최대인 상태 : 최종단계).

③ 27℃, 75~80% 발효실에서 60분 발효한다(부피가 3배 될 때까지 한다).

④ 약 926g씩 2개로 분할한다(계피설탕은 74g×2개).

🥖 Baking Tip

• 반죽은 충분히 매끈하게 하세요.

02 중간발효 → 성형

① 가로×세로 사이즈 30×54cm 정도의 사각형으로 밀고, 반죽 위에 붓으로 물을 골고루 얇게 바르거나 분무기로 물을 뿌린 다음 설탕을 골고루 뿌려준다.

② 늘어지지 않게 약간 당겨 말고 이음매를 확실하게 붙인다.

③ 모양별로 일정한 두께로 썰고 모양을 일정하게 벌려놓는다.

④ 야자잎 성형을 끝내고 발효실에 넣은 뒤 같은 방법으로 밀어 트리플을 성형한다.

🥖 Baking Tip

• 충전용 계피와 충전용 설탕을 미리 섞어 두세요.
• 충전용 설탕을 너무 적게 뿌리면 선이 안보여요.
• 가운데가 두껍지 않게 주의하며 밀어요.
• 거의 잘려나가기 직전까지 잘라야 잘 벌어져 모양이 잘 나와요.

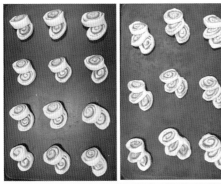

03 패닝 → 2차 발효 → 굽기

① 야자잎은 12개씩 1판, 트리플리프는 9개씩 1판 패닝한다.

② 온도 38~40℃, 습도 85~90%에서 15~20분 발효한다.

③ 윗불 190℃, 아랫불 150℃에서 12~15분 정도 돌려가며 굽는다.

🥖 Baking Tip

스위트롤 모양 만들기(자를 사용하지 않고 성형하기)

• 야자잎 모양(2잎) : 양쪽 가장자리를 조금 잘라낸 뒤, 전체를 2등분으로 나누고 다시 한쪽을 3등분 표시한다. 이를 다시 2등분으로 나누고 각각 2잎으로 잘라 성형 후 패닝한다(12개).

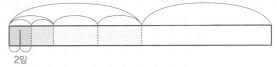

2잎

• 트리플리프 모양(3잎) : 양쪽 가장자리를 조금 잘라낸 뒤, 전체를 3등분으로 나누고 다시 한쪽을 3등분 표시한다. 이를 각각 3잎으로 잘라 성형한 뒤 패닝한다(9개).

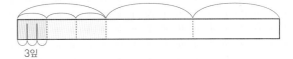

3잎

04 제출하기

① 냉각팬에 흰 종이를 깔고 정성스럽게 디스플레이(Display)한 후 제출한다.

🥖 Baking Tip

• 철판 사이즈가 40×60cm가 아니라면 3판이나 4판으로 나누어서 구워도 돼요.

My
Baking

버터롤

Butter Roll

✚ 배합표

재료명	비율(%)	무게(g)
강력분	100	900
설 탕	10	90
소 금	2	18
버 터	15	135(134)
탈지분유	3	27(26)
달 걀	8	72
이스트	4	36
제빵개량제	1	9(8)
물	53	477(476)
계	196	1,764

제빵 준비물

✚ 요구사항

다음 요구사항대로 버터롤을 제조하여 제출하시오.

❶ 배합표의 각 재료를 계량하여 재료별로 진열하시오(9분).

❷ 반죽은 스트레이트법으로 제조하시오(단, 유지는 클린업 단계에 첨가하시오).

❸ 반죽 온도는 27℃를 표준으로 하시오.

❹ 반죽 1개의 분할 무게는 50g으로 제조하시오.

❺ 제품의 형태는 번데기 모양으로 제조하시오.

❻ 24개를 성형하고, 남은 반죽은 감독위원의 지시에 따라 별도로 제출하시오.

- 올챙이 모양(12cm 정도)을 잘 만드는 게 제일 중요해요.
- 밀대를 위로 올리며 밀어 끝이 길고 뾰족하게 삼각형으로 밀어요.
- 번데기 모양이 일정하게 나와야 해요.

01 반죽 → 1차 발효 → 분할 → 둥글기

❶ 버터를 제외한 전 재료를 넣고 저속(기어 1단)에서 믹싱을 시작한다.

❷ 중속(기어 2단)을 넣고 2~3분 믹싱한 후 클린업 단계에서 버터를 넣고 고속(기어 3단)에서 글루텐 100%, 반죽 온도 27℃로 만든다(부드럽고 유연하며 신장성이 최대인 상태 : 최종단계).

❸ 27℃, 75~80% 발효실에서 60분 발효한다(부피가 3배 될 때까지 한다).

❹ 50g×12개씩(1판) 분할하여 둥글기한다(약 35개).

🥖 **Baking Tip**

• 남은 반죽은 둥글기한 후 제출하라고 할 수도 있고, 성형까지 한 후 제출하라고 할 수도 있으니 시험장에서 요구하는 대로 하면 돼요.

02 중간발효 → 성형

❶ 반죽이 마르지 않도록 비닐을 덮어 10~20분 발효한다(부피가 2배 정도 되도록 한다).

❷ 반죽을 작업대에 굴려 7cm 정도 스틱으로 만든 후 손바닥으로 굴려 한쪽 끝을 뾰족하게 만들어 올챙이 모양을 만든다.

❸ 뾰족한 끝을 밀대로 눌러 바닥에 살짝 붙여 놓고 반죽을 살짝 들어 위로 약간 당기며 밀대를 위로 밀어 28~30cm의 삼각형 모양으로 민다(윗면을 눌러 붙이고 아래로 잡아당기며 밀어도 됨).

❹ 위에서부터 좌우대칭이 되도록 돌돌 말아 3겹 정도 나오도록 하고 끝도 잘 붙인다.

🥖 **Baking Tip**

• 빵의 모양은 올챙이, 못, 당근과 비슷한 모양으로 12cm 정도면 좋아요(두께가 일정해야 해요).

• 반죽 가장자리가 찢어지면 안 되니까 살살 위로 미세요.

03 패닝 → 2차 발효 → 굽기

1. 평철판에 간격을 맞춰 12개를 패닝한 후 살짝 눌러주고 달걀물을 바른다.
2. 온도 35~38℃, 습도 85~90%에서 40분 발효한다. 반죽을 흔들었을 때 살짝 흔들리는 정도로 한다.
3. 윗불 190℃, 아랫불 150℃에서 15분 정도 굽는다.

〰〰 Baking Tip

• 패닝할 때 반죽을 살짝 눌러주어야 발효실에서 꺼낼 때 구르지 않아요.

04 제출하기

1. 냉각팬에 흰 종이를 깔고 정성스럽게 디스플레이(Display)한 후 제출한다.

My
Baking

모카빵

Mocha Bread

✚ 빵 반죽

재료명	비율(%)	무게(g)
강력분	100	850
물	45	382.5(382)
이스트	5	42.5(42)
제빵개량제	1	8.5(8)
소 금	2	17(16)
설 탕	15	127.5(128)
버 터	12	102
탈지분유	3	25.5(26)
달 걀	10	85(86)
커 피	1.5	12.75(12)
건포도	15	127.5(128)
계	209.5	1,780.75 (1,780)

✚ 토핑용 비스킷

재료명	비율(%)	무게(g)
박력분	100	350
버 터	20	70
설 탕	40	140
달 걀	24	84
베이킹파우더	1.5	5.25(5)
우 유	12	42
소 금	0.6	2.1(2)
계	198.1	693.35 (693)

※ 토핑용 재료는 계량시간에서 제외

빵 반죽 준비물

토핑용 비스킷 준비물

✚ 요구사항

다음 요구사항대로 모카빵을 제조하여 제출하시오.

❶ 배합표의 빵 반죽 재료를 계량하여 재료별로 진열하시오 (11분).

❷ 반죽은 스트레이트법으로 제조하시오(단, 유지는 클린 업 단계에서 첨가하시오).

❸ 반죽 온도는 27℃를 표준으로 하시오.

❹ 반죽 1개의 분할 무게는 250g, 1개당 비스킷은 100g씩 으로 제조하시오.

❺ 제품의 형태는 타원형(럭비공 모양)으로 제조하시오.

❻ 토핑용 비스킷은 주어진 배합표에 의거 직접 제조하시오.

❼ 완제품 6개를 제출하고 남은 반죽은 감독위원 지시에 따라 별도로 제출하시오.

Chef's note

• 럭비공 모양으로 볼륨(Volume)이 좋아야 해요.
• 비스킷이 논바닥 갈라진 것처럼 균열이 있도록 약 간 두꺼워야 해요.
• 비스킷이 반죽의 윗면을 완전히 감싸야 하고 바 닥으로, 살짝 안으로 들어갈 정도가 좋아요.

01 반죽 → 1차 발효 → 분할 → 둥글리기

❶ 버터를 제외한 전 재료를 넣고 저속(기어 1단)에서 믹싱한다.
❷ 중속(기어 2단)을 넣고 2~3분 믹싱한 후 클린업 단계에서
버터를 넣고 고속(기어 3단)에서 글루텐 100%, 반죽 온도
27℃로 만든다. 마지막으로 건포도를 1단에서 넣고 살짝 섞
어 건포도가 터지지 않도록 마무리하고, 손으로 건포도를
골고루 한 번 더 섞어준다.
❸ 27℃, 75~80% 발효실에서 60분 발효한다(부피가 3배 될
때까지 한다).
❹ 250g×3개씩(1판) 분할하여 둥글리기한다(총 9~10개).

02 중간발효 → 성형

❶ 반죽이 마르지 않도록 비닐을 덮어 10~15분 발효한다(부
피가 2배 정도 되도록 한다).
❷ 반죽을 눌러 가스를 뺀 후 타원형으로 밀어 럭비공 모양으
로 돌돌 말아 놓는다(3개).
❸ 분할된 토핑(100g)을 비닐을 깔고 타원형으로 너무 얇지 않
게(0.3~0.4cm) 밀어 반죽 위에 덮어 씌운다.
❹ 상하좌우를 살짝 들어서 비스킷을 밀어 넣어 럭비공 모양으
로 만든다.

🥖 Baking Tip

토핑용 비스킷 만들기(1차 발효 중 만드세요. 동영상 참고)
① 버터를 부드럽게 풀고(딱딱하면 녹지 않을 정도로 살짝 중탕하세요) 소금과 설탕을 넣어 크림 상태를 만드세요.
② 달걀을 넣고 빠르게 섞어 크림을 만드세요.
③ 체 친 가루(박력분 + B.P)를 섞으며 우유를 넣고 한 덩이를 만들어 비닐에 싸 냉장 휴지하세요.
④ 덮어 씌울 때 비스킷이 찢어지면 안 돼요.
⑤ 완전히 감싸되 바닥으로는 조금만 들어가게 크기를 조절해서 미세요. 토핑은 비닐을 깔고 밀면 더 잘 떼져요.
⑥ 토핑을 너무 얇지 않게, 너무 크지 않게, 거의 딱 맞게 밀어 덮어야 토핑이 잘 갈라져요.

03 패닝 → 2차 발효 → 굽기

❶ 평철판에 3개를 간격에 맞춰 패닝한다.

❷ 온도 35~38℃, 습도 85~90%에서 30~35분 발효한다.
반죽을 흔들었을 때 출렁거림이 적당하며 토핑이 약간 갈라
진 듯한 상태가 되게 한다.

❸ 윗불 190℃, 아랫불 160℃에서 20~25분 굽는다. 색이 들
면 돌려가며 굽는다.

🥖 Baking Tip

• 2차 발효실 습도가 높으면 토핑의 설탕이 녹아 구멍이 생겨요.

04 제출하기

❶ 냉각팬에 흰 종이를 깔고 정성스럽게 디스플레이(Display)한
후 제출한다.

빵도넛

Yeast Doughnut

✚ 배합표

재료명	비율(%)	무게(g)
강력분	80	880
박력분	20	220
설 탕	10	110
쇼트닝	12	132
소 금	1.5	16.5(16)
탈지분유	3	33(32)
이스트	5	55(56)
제빵개량제	1	11(10)
바닐라향	0.2	2.2(2)
달 걀	15	165(164)
물	46	506
넛메그	0.3	2.2(2)
계	194	2,132.9(2,130)

제빵 준비물

✚ 요구사항

다음 요구사항대로 빵도넛을 제조하여 제출하시오.

❶ 배합표의 각 재료를 계량하여 재료별로 진열하시오(12분).

❷ 반죽은 스트레이트법으로 제조하시오(단, 유지는 클린업 단계에서 첨가하시오).

❸ 반죽 온도는 27℃를 표준으로 하시오.

❹ 분할 무게는 46g씩으로 하시오.

❺ 모양은 8자형 22개와 트위스트형(꽈배기형) 22개로 만드시오(단, 남은 반죽은 감독위원의 지시에 따라 별도로 제출하시오).

- 8자, 꽈배기 등 모양을 능숙하게 성형할 수 있어야 해요.
- 2차 발효실의 온습도가 높지 않아야 하고 2차 발효는 오래 하면 안 돼요. 가스가 빠져 튀김솥에 넣을 때 모양이 엉망이 돼요.
- 튀길 때 한 번만 뒤집어 Line(띠)이 선명해야 해요.

01 반죽 → 1차 발효 → 분할 → 둥글리기

① 쇼트닝을 제외한 전 재료를 넣고 저속(기어 1단)에서 믹싱을 시작한다.

② 중속(기어 2단)을 넣고 2~3분 믹싱한 후 클린업 단계에서 쇼트닝을 넣고 고속(기어 3단)에서 글루텐 90%, 반죽 온도 27℃로 만든다.

③ 27℃, 75~80% 발효실에서 50분 발효한다(부피가 3배 될 때까지 한다).

④ 46g으로 분할하여 둥글리기한다(약 47개).

Baking Tip
• 반죽에 넛메그(Nutmeg)가 들어 있어 거뭇거뭇해요.

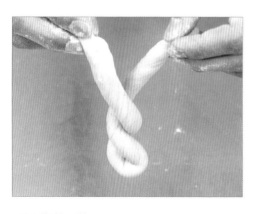

02 중간발효 → 성형

① 반죽이 마르지 않도록 비닐을 덮어 10분 정도 발효한다(부피가 2배 정도 되도록 한다).

② 8자형은 약 25cm, 꽈배기형은 약 28cm 정도로 밀어 성형한다.

③ 8자형 22개, 꽈배기형 22개를 요구사항대로 성형한다.

Baking Tip
• 꽈배기형은 28cm 정도로 밀어놓은 반죽의 양끝을 서로 반대 방향으로 돌려꼰 후, 서로 엇갈리게 4회 꼬아 양끝을 붙여 만들어요.

03 패닝 → 2차 발효 → 튀기기

❶ 철판 3개를 사용하여 각 평철판에 8자 15개, 꽈배기 15개, 8자+꽈배기 14개를 패닝한다.

❷ 온도 35~38℃, 습도 75~80%에서 20분 정도 2차 발효한다(약 80% 정도).

❸ 180℃에서 1분~1분 30초 정도 튀기고 뒤집기는 한 번만 해 Line(띠)이 선명하도록 한다.

🌊 Baking Tip

• 2차 발효한 후 바로 튀길 수 있도록 튀김온도를 미리 조절해 놓으세요(2차 발효를 Over하지 마세요. 약간 덜 해야 주저앉지 않고 예뻐요).

• 온도계(180℃)를 자주 확인하세요.

04 제출하기

❶ 냉각팬에 흰 종이를 깔고 정성스럽게 디스플레이(Display)한 후 제출한다.

🌊 Baking Tip

• 계피설탕은 계피 1 : 설탕 9의 비율로 만들어요.

2시간 30분

난이도
★ ★ ★ ★ ★

My
Baking

그리시니

Grissini

✚ 배합표

재료명	비율(%)	무게(g)
강력분	100	700
설 탕	1	7(6)
건조 로즈마리	0.14	1(2)
소 금	2	14
이스트	3	21(22)
버 터	12	84
올리브유	2	14
물	62	434
계	182.14	1,275(1,276)

제빵 준비물

✚ 요구사항

다음 요구사항대로 그리시니를 제조하여 제출하시오.

❶ 배합표의 각 재료를 계량하여 재료별로 진열하시오(8분).

❷ 전 재료를 동시에 투입하여 믹싱하시오(스트레이트법).

❸ 반죽 온도는 27℃를 표준으로 하시오.

❹ 분할 무게는 30g, 길이는 35~40cm로 성형하시오.

❺ 반죽은 전량을 사용하여 성형하시오.

- 시간이 부족할 수 있으니 빠르게 작업하세요.
- 울퉁불퉁하지 않고 두께가 일정하게 성형하세요.
- 2차 발효는 성형 후 10~20분 정도 하세요.

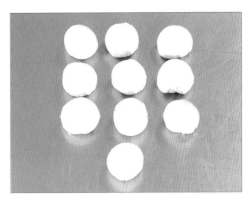

01 반죽 → 1차 발효 → 분할 → 둥글기

① 전 재료를 넣고 저속(기어 1단)에서 믹싱을 시작한다.
② 중속(기어 2단)에서 5~6분 믹싱하여 글루텐 80%, 반죽 온도 27℃로 만든다.
③ 27℃, 75~80% 발효실에서 20분 발효한다.
④ 30g×21개씩(2판) 분할하여 둥글기한다(총 42~43개).

🔥 Baking Tip
• 건조 로즈마리는 몇 번 부러뜨려 넣으세요.
• 전 재료를 동시에 투입하세요.

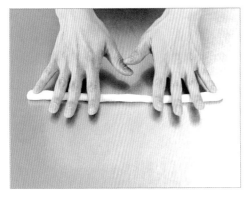

02 중간발효 → 성형

① 반죽이 마르지 않도록 비닐을 덮어 5~10분 발효한다.
② 반죽을 모두 10cm 정도로 밀어 비닐을 씌워두고, 처음에 민 것부터 마르지 않게 비닐을 씌워가며 다시 35~40cm의 일정한 두께로 민다.

🔥 Baking Tip
• 제시된 규격이 35~40cm라면, 40cm로 연습하는 것이 훨씬 보기 좋아요.
• 처음부터 40cm로 밀기는 탄력이 많아 쉽지 않아요. 1차 10cm, 2차 40cm로 나누어서 밀면 훨씬 편해요.
• 1차로 21개를 10cm로 먼저 밀어두고, 2차에서 35~40cm로 밀어 한 판을 완성한 다음 비닐을 씌워요.
• 두 번째 판도 마찬가지로, 1차로 10cm를 먼저 밀어두고 똑같이 성형해요.

03 패닝 → 2차 발효 → 굽기

① 일정한 간격을 두고 40×60 철판에 21개씩 2판으로 패닝한다.

② 온도 32~35℃, 습도 75~80%에서 10~12분 정도 짧게 2차 발효한다.

③ 윗불 200℃, 아랫불 180℃에서 20~30분 정도 굽는다.

🍞 Baking Tip

• 여름에는 실온에서 비닐을 씌워 2차 발효하세요.

• 큰 철판을 사용하면 성형 후 21개씩 가로로 패닝(2판)했을 때 길이를 딱 맞출 수 있어서 좋아요. 위아래 빈틈없이 패닝해요.

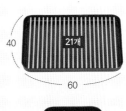

• 롤케이크 철판이 주어졌을 때 패닝하기(시간이 빠듯하니 서두르세요)

① 먼저 밀가루로 길이 38cm 위아래를 표시한다.

② 한 판에 14~15개 정도 들어가도록 세로로 3판 패닝한다.

③ 오븐에는 2판이 들어가므로, 먼저 2차 발효된 1판을 재빨리 구워야 한다. 이때 나머지 2판을 성형해야 시간 내에 제출할 수 있다.

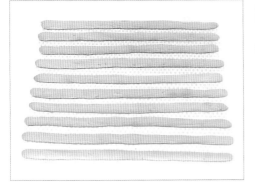

04 제출하기

① 냉각팬에 흰 종이를 깔고 정성스럽게 디스플레이(Display)한 후 제출한다.

3시간 30분

난이도
★ ★ ★ ★ ☆

My
Baking

베이글

Bagel

102

✚ 배합표

재료명	비율(%)	무게(g)
강력분	100	800
물	55~60	440~480
이스트	3	24
제빵개량제	1	8
소 금	2	16
설 탕	2	16
식용유	3	24
계	166~171	1,328~1,368

제빵 준비물

✚ 요구사항

다음 요구사항대로 베이글을 제조하여 제출하시오.

❶ 배합표의 각 재료를 계량하여 재료별로 진열하시오(7분).

❷ 반죽은 스트레이트법으로 제조하시오.

❸ 반죽 온도는 27℃를 표준으로 하시오.

❹ 1개당 분할 중량은 80g으로 하고 링 모양으로 정형하시오.

❺ 반죽은 전량을 사용하여 성형하시오.

❻ 2차 발효 후 끓는 물에 데쳐 패닝하시오.

❼ 팬 2개에 완제품 16개를 구워 제출하고 남은 반죽은 감독위원의 지시에 따라 별도로 제출하시오.

Chef's note

- 볼륨(Volume) 있는 도넛 모양이 나와야 해요.
- 2차 발효실 온습도에 주의하세요.
- 데치는 동안 여밈이 풀어질 수 있으니 주의하세요.

01 반죽 → 1차 발효 → 분할 → 둥글리기

❶ 전 재료를 넣고 저속(기어 1단)에서 믹싱을 시작한다.

❷ 중속(기어 2단)에서 8~10분, 고속(기어 3단)에서 2~3분 믹싱한 후, 글루텐 100%, 반죽 온도 27℃로 만든다(부드럽고 매끄러우며 신장성이 최대인 단계 : 최종단계).

❸ 온도 27℃, 습도 75~80%의 발효실에서 50~60분 발효한다(부피가 3배 될 때까지).

❹ 80g×8개씩(1판) 분할하여 둥글리기한다(총 17개).

Baking Tip

• 식용유는 소량이니 처음부터 넣어도 돼요.

02 중간발효 → 성형

❶ 반죽이 마르지 않도록 비닐을 덮어 10분 정도 발효한다(부피가 2배 정도 되도록 한다).

❷ 반죽을 밀대로 밀거나 손바닥으로 납작하게 늘려 접어 막대형으로 돌돌 만다.

❸ 반죽의 끝부분을 밀대로 납작하고 얇게 밀어준 뒤 다른 한쪽 끝을 넣고 감싸 연결한다.

Baking Tip

• 성형을 너무 길게 하면 중앙의 구멍이 커져 구워낸 후 볼륨이 약해요.

• 일정한 두께로 밀어 굴려 여밈이 풀리지 않도록 잘 붙여야 예쁜 도넛 모양이 돼요.

03 패닝 → 2차 발효 → 데치기

① 한 판에 8개를 패닝하고 온도 30~35℃, 습도 75~
80%에서 15~20분 정도 상태를 보며 발효한다(80%
발효 상태).
② 물이 앞면부터 닿도록 넣고, 바로 뒤집어 앞면이 위
로 올라오도록 다시 패닝한다.
③ 끓는 물에서 20초 정도 앞뒤로 데쳐내 물기를 빼고
다시 패닝한다.
④ 다시 발효실에 넣고 15~20분 정도 발효를 더 하고
굽는다.

Baking Tip

• 끓는 물에 데치는 이유(Kettle 방식)는 반죽 표면의 전분을 호화시켜 딱딱한 껍질이 형성되어 쫀득쫀득한 식감을
주고 광택을 낼 수 있기 때문이에요.

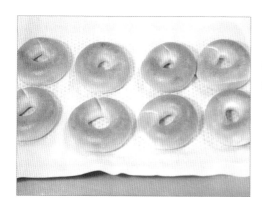

04 굽기 → 제출하기

① 윗불 220℃, 아랫불 180℃ 오븐에서 20분 정도 굽는다.
② 냉각팬에 흰 종이를 깔고 정성스럽게 디스플레이(Display)한
후 제출한다.

My
Baking

소시지빵

Sausage Bread

✚ 반죽

재료명	비율(%)	무게(g)
강력분	80	560
중력분	20	140
생이스트	4	28
제빵개량제	1	6
소 금	2	14
설 탕	11	76
마가린	9	62
탈지분유	5	34
달 걀	5	34
물	52	364
계	189	1,318

✚ 토핑 및 충전물

재료명	비율(%)	무게(g)
프랑크소시지	100	(480)
양 파	72	336
마요네즈	34	158
피자치즈	22	102
케 첩	24	112
계	252	1,188

※ 토핑 및 충전물 재료는
   계량시간에서 제외

반죽 준비물

토핑 및 충전물 준비물

✚ 요구사항

다음 요구사항대로 소시지빵을 제조하여 제출하시오.

❶ 반죽 재료를 계량하여 재료별로 진열하시오(10분).
   (토핑 및 충전물 재료의 계량은 휴지시간을 활용하시오)
❷ 반죽은 스트레이트법으로 제조하시오.
❸ 반죽 온도는 27℃를 표준으로 하시오.
❹ 반죽 분할 무게는 70g씩 분할하시오.
❺ 완제품(토핑 및 충전물 완성)은 12개 제조하여 제출하고 남
   은 반죽은 감독위원이 지정하는 장소에 따로 제출하시오.
❻ 충전물은 발효시간을 활용하여 제조하시오.
❼ 정형 모양은 낙엽 모양 6개와 꽃잎 모양 6개씩 2가지로
   만들어서 제출하시오.

Chef's note

• 소시지가 가운데 가도록 잘 싸야 해요.
• 색과 모양이 먹음직스럽고 예쁘게 나와야 해요.
• 사선 패닝을 하면 서로 붙지 않아요.

01 반죽 → 1차 발효 → 분할 → 둥글리기

❶ 전 재료를 넣고 저속(기어 1단)에서 믹싱을 시작한다.

❷ 중속(기어 2단)으로 7~8분, 고속(기어 3단)에서 2~3분 믹싱한 후, 글루텐 100%, 반죽 온도 27℃로 만든다(부드럽고 매끄러우며 신장성이 최대인 단계 : 최종단계).

❸ 27℃, 75~80% 발효실에서 30~40분 발효한다(부피가 2~3배 될 때까지 한다).

❹ 70g×6개씩(1판) 분할하여 둥글리기한다(약 18개).

🥐 Baking Tip

• 반죽을 1차 발효시키는 동안 채소를 다듬고 채를 썰거나 다져놓으세요.

• 비닐 짤주머니에 마요네즈와 케첩을 미리 담아 놓으세요.

02 중간발효 → 성형 → 패닝

❶ 반죽이 마르지 않도록 비닐을 덮어 10분 정도 발효한다(부피가 2배 정도 되도록 한다).

❷ 성형하기

• 낙엽 모양 : 반죽을 밀대로 밀거나 길게 늘인 후 소시지를 넣고 감싸서 평철판에 패닝한다. 가위나 칼을 이용하여 일정한 간격으로 4/5까지 비스듬하게 자른 뒤 서로 엇갈려 낙엽 모양(나뭇잎 모양)으로 꼰다(8~9번 정도 자른다).

• 꽃잎 모양 : 가위로 소시지를 감싼 반죽을 8등분한 다음, 가운데 한 개를 놓고 나머지 7개를 가장자리에 동그랗게 붙인다.

❸ 각각 한 판에 6개씩 패닝하고 달걀물을 바른다.

🥐 Baking Tip

• 가위로 자른 후 약간 벌려서 낙엽 모양을 만들어 주면 폭이 넓어져 토핑물을 올리기 편하고, 케첩과 마요네즈를 짰을 때 예뻐요.

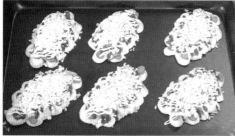

03 2차 발효 → 토핑 및 충전물 얹기 → 굽기

① 온도 38~43℃, 습도 85~90%의 발효실에서 20~30분 발효하되 윗면이 살짝 흔들리는 정도로 한다.

② 다져놓은 양파를 반죽 위에 골고루 얹은 후 케첩, 마요네즈를 짤주머니에 넣어 예쁘게 짜고 피자치즈를 얹는다.

③ 윗불 210℃, 아랫불 170℃에서 20~25분 굽는다.

🥖 Baking Tip

• 예쁘고 먹음직스러워야 하므로, 케첩과 마요네즈를 순서대로 예쁘게 짜주세요.

• 양파를 마요네즈와 버무려 얹고 피자치즈, 케첩 순으로 얹어도 돼요.

• 피자치즈가 녹아 약간 갈색이 나도록 구우세요.

04 제출하기

① 냉각팬에 흰 종이를 깔고 정성스럽게 디스플레이(Display)한 후 제출한다.

My
Baking

통밀빵

Whole Wheat Bread

✚ 배합표

재료명	비율(%)	무게(g)
강력분	80	800
통밀가루	20	200
이스트	2.5	25(24)
제빵개량제	1	10
물	63~65	630~650
소 금	1.5	15(14)
설 탕	3	30
버 터	7	70
탈지분유	2	20
몰트액	1.5	15(14)
계	181.5~183.5	1,812~1,835

※ 토핑용 재료는 계량시간에서 제외

[토핑용] 오트밀	–	200

반죽 준비물

토핑 준비물

✚ 요구사항

다음 요구사항대로 통밀빵을 제조하여 제출하시오.

❶ 배합표의 각 재료를 계량하여 재료별로 진열하시오(10분).

　(단, 토핑용 오트밀은 계량시간에서 제외한다)

❷ 반죽은 스트레이트법으로 제조하시오.

❸ 반죽 온도는 25℃를 표준으로 하시오.

❹ 표준 분할 무게는 200g으로 하시오.

❺ 제품의 형태는 밀대(봉)형(22~23cm)으로 제조하고, 표면에 물을 발라 오트밀을 보기 좋게 적당히 묻히시오.

❻ 8개를 성형하여 제출하고 남은 반죽은 감독위원의 지시에 따라 별도로 제출하시오.

Chef's note

• 반죽 온도를 맞춰주세요.

• 일정한 모양, 길이로 성형하세요.

• 오트밀을 골고루 붙여주세요.

01   반죽 → 1차 발효 → 분할 → 둥글기

❶ 전 재료를 넣고 저속(기어 1단)에서 믹싱을 시작한다.

❷ 중속(기어 2단)을 넣고 7~8분 정도 믹싱한 후 반죽
을 완료한다(반죽 온도 25℃).

❸ 27℃, 75~80% 발효실에서 70분 정도 발효한다(부
피가 2~3배 될 때까지 한다).

❹ 200g×9개로 분할하여 둥글기한다(총 9개).

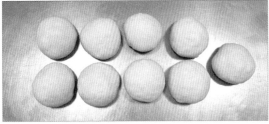

02   중간발효 → 성형

❶ 반죽이 마르지 않도록 비닐을 덮어 10분 중간발효한다(2배
정도의 부피가 되도록 한다).

❷ 가로로 3절 접기한 후 다시 접어 붙여, 밀대 모양으로 성형
한다.

❸ 붓으로 물을 바른다.

❹ 철판이나 볼에 오트밀을 평평하게 깔아놓고 오트밀을 골고
루 묻힌다.

🥖 **Baking Tip**
• 너무 단단하게 말면 구워냈을 때 터져요.

03 패닝 → 2차 발효 → 굽기

1 이음매를 아래로 하여 평철판에 4개를 패닝한다.

2 온도 35℃, 습도 75~80%에서 30분 정도 발효한다.

3 반죽을 흔들었을 때 조금 흔들리는 정도가 적당하다.

4 표면에 분무기로 물을 뿌리고 윗불 200℃, 아랫불 170℃에서 15~16분 정도 굽는다.

🍞 Baking Tip

• 이음매를 확실히 붙여 아래로 가도록 패닝해요.

• 모양이 휘어지지 않도록 반듯하게 철판에 놓으세요.

04 제출하기

1 냉각팬에 흰 종이를 깔고 정성스럽게 디스플레이(Display)한 후 제출한다.

CRAFTSMAN CONFECTIONARY MAKING

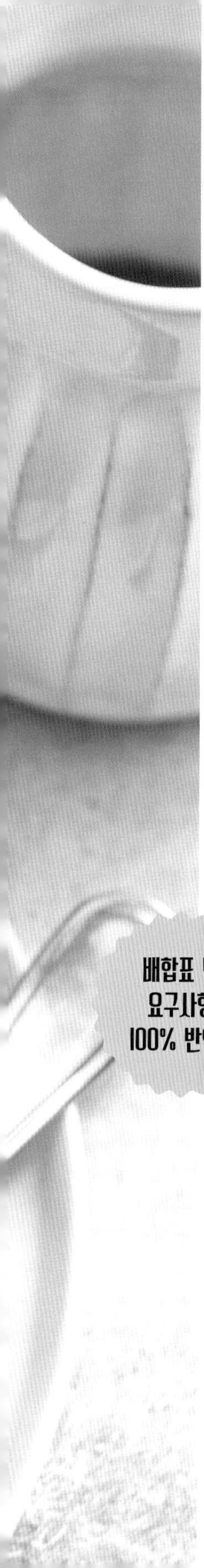

제과 기능사

배합표 및 요구사항 100% 반영!!

- 버터 쿠키
- 마데라(컵) 케이크
- 젤리 롤 케이크
- 다쿠와즈
- 브라우니
- 쇼트브레드 쿠키
- 버터 스펀지 케이크(공립법)
- 시퐁 케이크(시퐁법)
- 슈
- 타르트
- 파운드 케이크
- 버터 스펀지 케이크(별립법)
- 치즈 케이크
- 호두파이
- 흑미 롤 케이크(공립법)
- 과일 케이크
- 소프트 롤 케이크
- 마드레느
- 초코머핀(초코컵 케이크)
- 초코 롤 케이크

※ 시험장에서는 시간관계상 1·2차 발효실의 온도를 높이는데 이러한 이유로 발효시간이 짧아지기 때문에 책과 영상의 발효시간이 다를 수 있습니다.

My
Baking

버터 쿠키

Butter Cookie

재료명	비율(%)	무게(g)
박력분	100	400
버 터	70	280
설 탕	50	200
소 금	1	4
달 걀	30	120
바닐라향	0.5	2
계	251.5	1,006

제과 준비물

✚ 요구사항

다음 요구사항대로 버터 쿠키를 제조하여 제출하시오.

❶ 배합표의 각 재료를 계량하여 재료별로 진열하시오(6분).

❷ 반죽은 크림법으로 수작업하시오.

❸ 반죽 온도는 22℃를 표준으로 하시오.

❹ 별 모양 깍지를 끼운 짤주머니를 사용하여 2가지 모양짜기를 하시오(8자, 장미 모양).

❺ 반죽은 전량을 사용하여 성형하시오.

• 버터를 충분히 크림화시키세요.

• 일정한 간격, 모양, 크기로 힘 조절을 잘하며 짜야 해요.

• 달걀은 1개씩 넣어야 분리되지 않아요.

01 반죽하기

❶ 볼에 버터를 넣고 부드럽게 푼다.

❷ 설탕, 소금을 섞어 ❶에 넣고 크림화한다.

❸ 달걀을 1개씩 넣고 부드러운 크림을 만든다.

❹ 체 친 가루(박력분 + 바닐라향)를 넣고 가볍게 섞는다.

❺ 반죽 온도는 22℃로 한다.

🥐 Baking Tip

• 겨울에는 버터가 녹지 않을 정도로 살짝 중탕해 가며 크림화를 많이 하세요.

• 설탕이 거의 녹아야 해요. 크림화도 덜되고 너무 안 녹으면 반죽이 너무 되 짜기 힘들어요.

02 성형하기

❶ 8자 모양 : 상하는 6〜7cm, 좌우는 2.5〜3cm 정도로 일정한 모양과 간격을 유지하며 짠다.

❷ 장미 모양 : 가운데에서 작은 1자를 그리며 힘 있게 시계 방향으로 1바퀴를 돌려 짠다(지름 4cm 내외가 적당해요).

🥐 Baking Tip

• 된 반죽이라서 짜기 힘들어요. 주머니에 한 주걱씩만 넣고 짜세요.

03 패닝 → 굽기

① 가로로 8개를 짜고 엇갈리게 4~5줄 정도 짠다.
② 실온에서 건조시킨다(10분).
③ 윗불은 190℃, 아랫불은 140℃에서 돌려가며 15분 정도 굽는다.

🍞 **Baking Tip**

• 너무 낮은 온도에서 구우면 많이 퍼져요.
• 자주 돌려가며 구우세요.

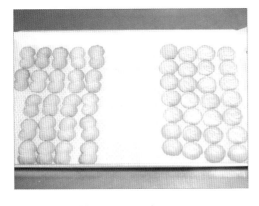

04 제출하기

① 냉각팬에 흰 종이를 깔고 정성스럽게 디스플레이(Display)한 후 제출한다.

🍞 **Baking Tip**

• 사선으로 패닝하면 구운 후 서로 붙어 나오지 않게 하는 데 도움이 돼요.

2시간

난이도
★★★★☆

My
Baking

쇼트브레드 쿠키

Shortbread Cookie

✚ 배합표

재료명	비율(%)	무게(g)
박력분	100	500
마가린	33	165(166)
쇼트닝	33	165(166)
설 탕	35	175(176)
소 금	1	5(6)
물 엿	5	25(26)
달 걀	10	50
노른자	10	50
바닐라향	0.5	2.5(2)
계	227.5	1,137.5(1,142)

제과 준비물

✚ 요구사항

다음 요구사항대로 쇼트브레드 쿠키를 제조하여 제출하시오.

❶ 배합표의 각 재료를 계량하여 재료별로 진열하시오(9분).

❷ 반죽은 수작업으로 하여 크림법으로 제조하시오.

❸ 반죽 온도는 20℃를 표준으로 하시오.

❹ 제시한 정형기를 사용하여 두께 0.7~0.8cm, 지름 5~6cm(정형기에 따라 가감) 정도로 정형하시오.

❺ 제시한 2개의 팬에 전량 성형하시오(단, 시험장 팬의 크기에 따라 감독위원이 별도로 지정할 수 있다).

❻ 달걀노른자칠을 하여 무늬를 만드시오. 달걀은 총 7개를 사용하며, 달걀 크기에 따라 감독위원이 가감하여 지정할 수 있다.

　• 배합표 반죽용 4개(달걀 1개+노른자용 달걀 3개)

　• 달걀노른자칠용 달걀 3개

• 크림화를 많이 시키면 반죽이 질어지니 조심하세요.

• 설탕을 완전히 녹이지 말고 80% 정도 녹이세요.

• 시간이 여유롭지 않으니 서둘러 작업하세요.

01 반죽하기

❶ 볼에 마가린과 쇼트닝을 넣고 부드럽게 푼다.
❷ 설탕, 소금, 물엿을 넣고 크림화하다가 노른자를 먼저 섞고 달걀을 넣어 부드러운 크림을 만든다.
❸ 체 친 가루(박력분 + 바닐라향)를 넣고 가볍게 섞는다.
❹ 비닐에 싸서 냉장고에서 15~20분간 휴지한다.
❺ 반죽 온도는 20℃로 한다.

02 성형하기

❶ 반죽 밀어펴기 : 적당한 양을 떼어, 덧가루를 소량 깔고 약간 치댄 후 비닐을 깔고 덧가루를 조금 바른 후에 밀대로 0.7~0.8cm 두께로 일정하게 밀어편다.
❷ 제시된 정형기를 사용하여 5~6cm(정형기에 따라 가감) 정도로 반죽을 찍어내고 덧가루를 털어낸 후 패닝한다.

🥖 Baking Tip
• 반죽의 양이 많으므로 반쯤 잘라 밀어보세요. 두께 맞추기 쉬워요.
• 두께는 0.7~0.8cm로 일정하게 하세요.

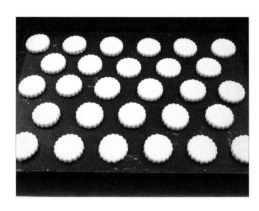

03 패닝 → 굽기

① 찍어낸 반죽을 2cm 정도 간격을 두고 7~8개, 5~6줄 정도 패닝한다.

② 알끈을 제거한 노른자를 적당량 바른 후 포크로 예쁘게 무늬를 낸다.

③ 윗불은 180℃, 아랫불은 150℃에서 돌려가며 20분 정도 굽는다.

🎂 Baking Tip

• 쿠키의 옆 색은 연한 갈색이 나와야 해요.
• 두께를 정확히 맞추세요.
• 많이 퍼지지 않으니 쿠키 간격을 2~3cm 내외로 두세요.

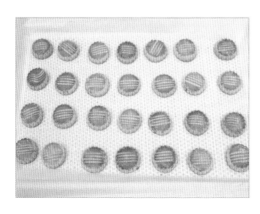

04 제출하기

① 냉각팬에 흰 종이를 깔고 정성스럽게 디스플레이(Display)한 후 제출한다.

My
Baking

파운드 케이크

Pound Cake

재료명	비율(%)	무게(g)
박력분	100	800
설 탕	80	640
버 터	80	640
유화제	2	16
소 금	1	8
탈지분유	2	16
바닐라향	0.5	4
베이킹파우더	2	16
달 걀	80	640
계	347.5	2,780

제과 준비물

✚ 요구사항

다음 요구사항대로 파운드 케이크를 제조하여 제출하시오.

❶ 배합표의 각 재료를 계량하여 재료별로 진열하시오(9분).

❷ 반죽은 크림법으로 제조하시오.

❸ 반죽 온도는 23℃를 표준으로 하시오.

❹ 반죽의 비중을 측정하시오.

❺ 윗면을 터뜨리는 제품을 만드시오.

❻ 반죽은 전량을 사용하여 성형하시오.

• 크림화가 중요해요. 충분히 하되 너무 비중이 가벼워지는 오버믹싱을 하면 안 돼요.

• 달걀양이 많아 분리될 수 있어요. 1개씩 반죽의 상태를 봐가며 천천히 넣으세요.

• 윗색이 황금 갈색으로 들면 터짐이 좋도록 식용유를 바른 스패튤러나 커터칼 등으로 중앙에 1자로 터트려주세요.

01 반죽하기

❶ 가루 재료를 미리 체 쳐 둔다(박력분 + B.P + 탈지분유 + 바닐라향).

❷ 버터를 넣고 부드럽게 푼 다음 소금 + 설탕 + 유화제를 3번에 나눠 섞는다.

❸ 달걀을 1~2개씩 1~2분 간격으로 천천히 넣으며 분리되지 않도록 하고 2~3번 스크래핑한다.

❹ 반죽이 부드럽고 매끄럽게 완성되었으면 설탕이 다 녹았는지 확인한다.

02 반죽 완성하기 → 비중 재기

❶ 체 친 가루를 골고루 덩어리지지 않게 잘 섞는다(기계 가능).

❷ 반죽 온도는 23℃로 한다.

❸ 비중은 0.75~0.85로 한다.

03 패닝 → 굽기

❶ 시작 전 또는 중간에 종이를 미리 파운드틀에 깔아 준비한다.

❷ 70% 패닝한다(총 4개 분량).

❸ 고무주걱으로 평평하게 한 후 가운데를 약간 낮게, 가장자리를 약간 높게 패닝한다.

❹ 윗불 220℃, 아랫불 180℃에서 13~15분 굽고 껍질이 갈색이 되면 꺼낸 후 윗불 온도를 180℃로 줄이고 식용유를 묻힌 스패튤러로 양끝 1cm를 남기고 잘라주듯 갈라준다. 틀을 사각형 형태로 정렬한 후 가운데 식빵틀 2개(또는 풀만식빵틀 1개)를 뒤집어 놓고 철판을 덮어 30~40분 굽는다.

🍞 Baking Tip

- 파운드틀 종이 깔기(p.19 참고)
  종이를 반으로 잘라 가로세로 한쪽씩만 4cm 정도 잘라낸다. 가운데 파운드틀을 놓고 바닥을 볼펜으로 그려준 뒤 선대로 접어주고 11자형으로 가위로 자른 뒤 접어 틀에 넣는다. → 틀 위로 1cm 정도 올라온다.
- 파운드틀이 가장 큰 크기라면 전량을 같은 양으로 패닝하세요(반죽 전량 4개에 나눠 사용).
- 윗불 180℃, 아랫불 170℃로 하여 50분 정도 굽는 방법도 있어요.

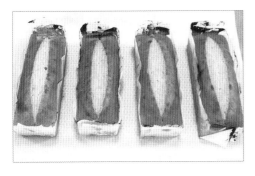

04 제출하기

❶ 냉각팬에 흰 종이를 깔고 정성스럽게 디스플레이(Display)한 후 제출한다.

🍞 Baking Tip

- 터진 부분에 약간 갈색이 들도록 구우세요.

2시간 30분

난이도
★★★★☆

My
Baking

과일 케이크

Fruit Cake

✚ 배합표

재료명	비율(%)	무게(g)
박력분	100	500
설 탕	90	450
마가린	55	275(276)
달 걀	100	500
우 유	18	90
베이킹파우더	1	5(4)
소 금	1.5	7.5(8)
건포도	15	75(76)
체 리	30	150
호 두	20	100
오렌지 필	13	65(66)
럼 주	16	80
바닐라향	0.4	2
계	459.9	2,299.5 (2,300~2,302)

제과 준비물

※ 배합표상 달걀 무게 합산 표기(계량시간 내에는 달걀의 개수로 계량 후 제조 시 달걀흰자, 노른자를 분리하여 별립법으로 제조)

✚ 요구사항

다음 요구사항대로 과일 케이크를 제조하여 제출하시오.

❶ 배합표의 각 재료를 계량하여 재료별로 진열하시오(13분).
❷ 반죽은 별립법으로 제조하시오.
❸ 반죽 온도는 23℃를 표준으로 하시오.
❹ 제시한 팬에 알맞도록 분할하시오.
❺ 반죽은 전량을 사용하여 성형하시오.

• 달걀을 계량할 때는 껍질을 포함(10%)한 무게로(550g 정도) 껍질을 깨지 않고 계량하세요.
• 크림법으로 마가린 → 설탕 → 노른자의 순서대로 반죽하세요.
• 흰자에 노른자가 들어가면 머랭이 올라오지 않으니 노른자가 섞이지 않도록 조심해서 달걀을 깨야 해요.

01 반죽하기

❶ 달걀을 노른자와 흰자로 분리하고, 설탕 전체량 중 40%는 크림화에, 60%는 머랭에 사용할 것으로 나눠 놓는다.

❷ 체리를 4등분 내지 6등분 하여 꼭 짜고 오렌지 필, 건포도와 함께 섞어 둔다(반죽하기 전 전처리 과정).

❸ 볼에 마가린을 부드럽게 풀어준 뒤 40%의 설탕과 소금을 두 번에 나눠 섞어 크림 상태로 만든다.

❹ 노른자를 2개씩 1~2분에 걸쳐 넣으며 부드럽고 매끄러운 크림을 만든다.

❺ 흰자를 60% 거품을 내다가 설탕을 넣고 90% 머랭을 만든다.

02 반죽 완성하기

❶ 크림화된 반죽에 밀가루와 버무린 충전물과 호두를 섞는다.

❷ 머랭의 1/3을 섞은 후 체 친 가루(박력분 + B.P + 바닐라향)를 섞는다.

❸ 우유를 섞고 럼주를 넣어 섞은 후 나머지 머랭을 잘 섞는다.

❹ 반죽 온도는 23℃로 한다.

03   패닝 → 굽기

① 미리 준비해 둔 파운드틀 4개 또는 원형틀 4개에 전량 나누어 패닝한다.
② 숟가락 등으로 윗면을 평평하게 한다.
③ 윗불은 180℃, 아랫불은 170℃에서 40분 이상 굽는다.

04   제출하기

① 구워진 표면이 울퉁불퉁한 것이 정상이며 과일이 골고루 분산되어야 한다.
② 냉각팬에 흰 종이를 깔고 정성스럽게 디스플레이(Display)한 후 제출한다.

My
Baking

마데라(컵) 케이크

Madeira Cup Cake

✚ 배합표

재료명	비율(%)	무게(g)
박력분	100	400
버 터	85	340
설 탕	80	320
소 금	1	4
달 걀	85	340
베이킹파우더	2.5	10
건포도	25	100
호 두	10	40
적포도주	30	120
계	418.5	1,674

※ 충전용 재료는 계량시간에서 제외

분 당	20	80
적포도주	5	20

제과 준비물

✚ 요구사항

다음 요구사항대로 마데라(컵) 케이크를 제조하여 제출하시오.

❶ 배합표의 각 재료를 계량하여 재료별로 진열하시오(9분).

❷ 반죽은 크림법으로 제조하시오.

❸ 반죽 온도는 24℃를 표준으로 하시오.

❹ 반죽 분할은 주어진 팬에 알맞은 양을 패닝하시오.

❺ 적포도주 퐁당을 1회 바르시오.

❻ 반죽은 전량을 사용하여 성형하시오.

※ 감독위원은 시험 전 주어진 팬을 감안하여 팬의 개수를 지정하여 공지한다.

- 달걀양이 많아 분리되기 쉬운 반죽이므로 달걀을 1개씩 천천히 넣으세요.
- 80% 패닝하고, 일정한 양을 패닝하세요.
- 굽기가 95% 진행되어 거의 다 익은 상태에서 퐁당을 발라 7분 정도 수분을 건조시켜 퐁당이 하얗게 변하면 꺼내세요.

01 반죽하기

① 가루 재료를 미리 체 쳐 둔다(박력분 + B.P).

② 건포도에 소량의 적포도주를 넣어 버무려 둔다.

③ 버터를 넣고 부드럽게 푼 다음 소금 + 설탕을 두 번에 나눠 섞는다.

④ 달걀을 1개씩 1~2분에 걸쳐 상태를 보며 분리되지 않도록 천천히 넣는다.

🥐 Baking Tip

• 달걀은 노른자부터 넣으면 분리를 막을 수 있으나 오버믹싱(Over Mixing)되지 않도록 주의하셔야 해요.

02 반죽 완성하기

① 체 친 가루를 섞고(기계로 가능) 밀가루에 살짝 버무린 호두와 건포도를 섞은 후 남아 있는 포도주를 넣는다.

② 반죽의 온도는 24℃로 한다.

03 패닝 → 굽기

① 머핀틀에 속지를 끼우고 짤주머니에 반죽을 넣어 80% 정도의 양을 일정하게 짜 넣는다.

② 윗불은 180℃, 아랫불은 170℃에서 25~30분 정도 굽다가 100% 익으면 꺼낸다.

③ 적포도주 20g과 슈가파우더 80g을 섞어 적포도주 퐁당을 만들어 둔다.

🥐 Baking Tip

• 짤주머니로 짤 때는 힘 있게 밑에서부터 채워가며 한 번에 짜야 하고 패닝 양이 일정해야 해요.
• 가운데 중앙이 약간이라도 덜 익은 상태에서 퐁당을 바르면 퐁당이 스며들어 안 익고 끈적일 수 있으니 주의하세요.
• 꼭 24개 나와야 되는 건 아니예요. 적어도 22개 정도만 나오도록 하세요.

04 퐁당 발라 색 내기 → 제출하기

① 적포도주 퐁당을 바르고 오븐에 다시 넣어 7~8분 정도 건조시켜 퐁당이 하얗게 되면 꺼낸다.

② 냉각팬에 흰 종이를 깔고 정성스럽게 디스플레이(Display)한 후 제출한다.

🥐 Baking Tip

• 퐁당이 하얗고 단단해 보이면 다 된 것입니다.

My
Baking

버터 스펀지 케이크(공립법)

Butter Sponge Cake

✚ 배합표

재료명	비율(%)	무게(g)
박력분	100	500
설 탕	120	600
달 걀	180	900
소 금	1	5(4)
바닐라향	0.5	2.5(2)
버 터	20	100
계	421.5	2,107.5(2,106)

제과 준비물

✚ 요구사항

다음 요구사항대로 버터 스펀지 케이크(공립법)를 제조하여 제출하시오.

❶ 배합표의 각 재료를 계량하여 재료별로 진열하시오(6분).

❷ 반죽은 공립법으로 제조하시오.

❸ 반죽 온도는 25℃를 표준으로 하시오.

❹ 반죽의 비중을 측정하시오.

❺ 제시한 팬에 알맞도록 분할하시오.

❻ 반죽은 전량을 사용하여 성형하시오.

• 더운 공립이나 찬 공립에 관계없이 설탕을 완전히 녹이고, 거품기 자국이 천천히 사라질 정도로 힘 있고 광택 나는 연한 미색의 반죽을 만드세요.

• 중탕된 버터 온도를 잘 맞추세요(약 60℃).

• 기포가 계속 올라오므로 오븐에 들어갈 때와 오븐에서 바로 나왔을 때 작업대 바닥 5cm 위에서 내리치세요. 큰 기포를 제거하고 수축을 방지합니다.

01 반죽하기

❶ 원형틀에 종이를 끼워 둔다.

❷ 가루 재료를 체 친다(박력분 + 바닐라향).

❸ 볼에 달걀 알끈을 푼 뒤 설탕, 소금을 넣고 중탕하여 온도 43~50℃로 맞춘다(더운 공립법).

❹ 버터를 중탕그릇 위에 올려놓고 투입 직전 온도를 확인한다 (60℃ 이상).

❺ ❸의 반죽을 믹싱볼에 넣고 믹서를 고속(3단)으로 80% 정도 올리고 2단으로 내려 3~4분 거품을 충분히 낸다(연한 미색을 띠며 거품기 자국이 선명하게 보이는 상태).

🥖 Baking Tip

• 더운 공립법 : 달걀, 설탕, 소금을 넣고 중탕으로 43~50℃로 데운 후 거품을 올리는 법으로 색과 거품이 잘 나요.

• 믹싱을 끝내고 거품기를 빼낸 후 손이나 주걱으로 믹싱볼 안에서 체 친 가루를 섞어도 돼요.

02 반죽 완성하기 → 비중 재기

❶ 반죽을 스텐볼에 옮겨 체 친 가루를 넣고 그릇을 돌리며 흔들어 섞는다.

❷ 중탕된 버터그릇에 반죽을 2주걱 정도 부어 잘 섞은 후 다시 반죽에 부어 가볍게 섞어 반죽을 완성한다.

❸ 반죽 온도는 25℃로 한다.

❹ 비중은 0.45~0.55로 한다.

🥖 Baking Tip

• 지나치게 많이 섞지 말고 밀가루가 살짝 안 보일 정도로 섞으세요.

• 더운 공립법으로 달걀, 설탕, 소금을 중탕할 때 거품을 내지는 말고 설탕 + 소금이 녹도록 살살 저어주세요. 거품은 기계가 내요.

03   패닝 → 굽기

1. 미리 종이를 깔아 둔 원형틀에 60% 패닝한다(총 3호틀 4개 분량).
2. 고무주걱으로 평평하게 정리하고 작업대에 살짝 떨어뜨려 반죽의 큰 기포를 제거한다.
3. 윗불은 180℃, 아랫불은 150℃에서 30분 이상 굽는다.

04   제출하기

1. 종이를 두 손으로 잡고 들어 올려 뺀다.
2. 냉각팬에 흰 종이를 깔고 정성스럽게 디스플레이(Display)한 후 제출한다.

🌾 **Baking Tip**
- 오븐에서 꺼내 살짝 한 번 내리쳐 준 후 틀에서 빨리 꺼내면 수축을 막을 수 있어요.

My
Baking

버터 스펀지 케이크(별립법)

Butter Sponge Cake

✚ 배합표

재료명	비율(%)	무게(g)
박력분	100	600
설탕(A)	60	360
설탕(B)	60	360
달걀	150	900
소금	1.5	9(8)
베이킹파우더	1	6
바닐라향	0.5	3(2)
용해버터	25	150
계	398	2,388(2,386)

제과 준비물

※ 배합표상 달걀 무게 합산 표기(계량시간 내에는 달걀의 개수로
계량 후 제조 시 달걀흰자, 노른자를 분리하여 별립법으로 제조)

✚ 요구사항

다음 요구사항대로 버터 스펀지 케이크(별립법)를 제조하여 제출하시오.

❶ 배합표의 각 재료를 계량하여 재료별로 진열하시오(8분).

❷ 반죽은 별립법으로 제조하시오.

❸ 반죽 온도는 23℃를 표준으로 하시오.

❹ 반죽의 비중을 측정하시오.

❺ 제시한 팬에 알맞도록 분할하시오.

❻ 반죽은 전량을 사용하여 성형하시오.

- 머랭용 흰자 계량 시 노른자가 들어가지 않게 하세요.
- 머랭은 90~100% 올리세요.
- 노른자 반죽의 거품을 낼 때 연한 미색이 나며 설탕은 완전히 녹아야 해요.

01   반죽하기

① 원형틀에 종이를 끼워둔다.
② 가루 재료를 체 친다(박력분 + B.P + 바닐라향).
③ 버터를 중탕그릇에 올려놓는다. 투입 직전에 온도를 확인한다(60℃ 이상).
④ 볼에 노른자를 넣어 알끈을 풀고 설탕(A) + 소금을 섞어 2~3번에 나눠 넣으며 설탕이 녹아 연한 미색이 날 때까지 손으로 믹싱한다.
⑤ 흰자를 믹싱볼에 넣고 60% 거품을 낸 후 설탕(B)을 넣고 90~100% 거품을 올려 머랭을 완성한다.

🍞 Baking Tip

• 노른자용 설탕이 잘 녹지 않으면 살짝 중탕해서 거품을 내보세요.
• 85~90%의 머랭은 끝이 살짝 옆으로 휘며 광택이 나고 튼튼해야 해요.

02   반죽 완성하기 → 비중 재기

① 거품낸 노른자 반죽에 머랭 1/2을 거품이 꺼지지 않게 섞어준다.
② 체 친 가루를 넣고 그릇을 돌려가며 가볍게 섞는다.
③ 중탕된 버터에 ②의 반죽을 2주걱 정도 넣고 완전히 섞어 다시 ②의 반죽에 살짝 섞어준다.
④ 나머지 머랭을 가볍게 살살 섞는다.
⑤ 반죽 온도는 23℃로 한다.
⑥ 비중은 0.45~0.55로 한다.

03 패닝 → 굽기

❶ 미리 종이를 깔아 둔 원형틀에 60% 패닝한다(총 3호틀 4개 분량).

❷ 고무주걱으로 평평하게 정리하고 작업대에 살짝 떨어뜨려 반죽의 큰 기포를 제거한다.

❸ 윗불은 180℃, 아랫불은 150℃에서 30분 정도 굽는다.

Baking Tip

• 가능하면 패닝은 한 번에 하세요.

• 덜어내거나 추가하지 않는 게 좋아요.

04 제출하기

❶ 종이를 두 손으로 잡고 들어 올려 뺀다.

❷ 냉각팬에 흰 종이를 깔고 정성스럽게 디스플레이(Display)한 후 제출한다.

Baking Tip

• 비중이 가벼운 제품이므로 종이를 두 손으로 잡고 들어 올려 빼세요.

My
Baking

소프트 롤 케이크
Soft Roll Cake

144

✚ 배합표

재료명	비율(%)	무게(g)
박력분	100	250
설탕(A)	70	175(176)
물 엿	10	25(26)
소 금	1	2.5(2)
물	20	50
바닐라향	1	2.5(2)
설탕(B)	60	150
달 걀	280	700
베이킹파우더	1	2.5(2)
식용유	50	125(126)
계	593	1,482.5(1,484)

※ 충전용 재료는 계량시간에서 제외

잼	80	200

제과 준비물

※ 배합표상 달걀 무게 합산 표기(계량시간 내에는 달걀의 개수로
　계량 후 제조 시 달걀흰자, 노른자를 분리하여 별립법으로 제조)

✚ 요구사항

다음 요구사항대로 소프트 롤 케이크를 제조하여 제출하시오.

❶ 배합표의 각 재료를 계량하여 재료별로 진열하시오(10분).

❷ 반죽은 별립법으로 제조하시오.

❸ 반죽 온도는 22℃를 표준으로 하시오.

❹ 반죽의 비중을 측정하시오.

❺ 제시한 팬에 알맞도록 분할하시오.

❻ 반죽은 전량을 사용하여 성형하시오.

❼ 캐러멜 색소를 이용하여 무늬를 완성하시오(무늬를 완성하지 않으면 제품 껍질 평가 0점 처리).

• 달걀을 계량할 때는 껍질을 깨지 마세요. 700g이므로 껍질을 포함하여 770g이 넘지 않도록 껍질째 계량하세요.

• 계량검사 후 달걀을 분리할 때 흰자에 노른자가 들어가지 않도록 조심하세요.

• 뜨거울 때 말면 부피가 줄어드니 식은 다음에 마세요.

01 반죽하기

❶ 가장자리에 가위집을 넣은 종이를 평철판에 깔아 둔다.
❷ 종이 짤주머니를 만들어 둔다.
❸ 가루 재료를 체 친다(박력분 + B.P + 바닐라향).
❹ 볼에 알끈을 푼 노른자를 넣고 설탕(A) + 소금을 2~3번에 나눠 넣고 물엿을 넣은 후 연한 미색이 나올 때까지 거품낸다.
❺ 물을 넣어 설탕을 완전히 녹인다.
❻ 흰자를 믹싱볼에 넣고 60% 거품낸 후 설탕(B)을 넣고 90% 거품을 올려 머랭을 완성한다.

Baking Tip

• 머랭을 너무 많이 올리면 비중이 지나치게 가벼워지고 머랭이 반죽에 섞이지 않아 혼합이 어려워요.

02 반죽 완성하기 → 비중 재기

❶ 거품을 낸 노른자 반죽에 머랭 1/2을 넣고 거품이 꺼지지 않게 섞어준다.
❷ 체 친 가루를 넣고 그릇을 돌려가며 가볍게 섞는다.
❸ 식용유에 ❷의 반죽을 2주걱 정도 넣고 완전히 섞어 다시 ❷의 반죽에 살짝 섞어준다.
❹ 나머지 머랭을 가볍게 살살 섞는다.
❺ 반죽 온도는 22℃로 한다.
❻ 비중은 0.45~0.50로 한다.

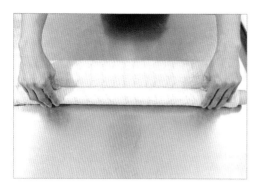

Baking Tip

• 면보가 없다면 유산지를 작업대 위에 놓고 식용유를 넉넉히 바른 후에 롤 케이크 시트를 뒤집어엎고 종이 떼고 마세요. 식용유 바른 종이가 찢어지지 않도록 조심하세요.

03 패닝 → 굽기 → 말기

① 종이를 깔아 둔 평철판에 반죽을 2수저 정도 남기고 부은 후 스크레이퍼로 두께가 일정하도록 평평하게 높이를 맞추고 가볍게 내리쳐 큰 기포를 제거한다.

② 2수저 남긴 반죽에 캐러멜을 1/2수저 정도 넣고 갈색을 만든 후 종이 짤주머니에 넣는다. 끝을 0.5cm 정도 잘라내고 지그재그로 갈 지(之)자 모양을 그린 후 젓가락으로 반대 방향으로 휘저어 무늬를 그린다.

③ 윗불은 180℃, 아랫불은 150℃에서 20~25분을 돌려가며 굽는다.

④ 구운 후 바로 냉각팬에 뺀다.

⑤ 면보를 물에 적셔 꼭 짠 후 작업대에 깐다.

⑥ 거의 식은 롤 케이크 시트를 면보 위에 뒤집어엎고 종이를 떼어낸 후 잼을 바르고 만다.

04 제출하기

① 냉각팬에 흰 종이를 깔고 정성스럽게 디스플레이(Display)한 후 제출한다.

Baking Tip

• 비중을 꼭 맞추세요.
• 패닝할 때 높이가 일정하지 않으면 말다가 부러져요.

1시간 30분

난이도
★★★☆☆

My
Baking

젤리 롤 케이크

Jelly Roll Cake

✚ 배합표

재료명	비율(%)	무게(g)
박력분	100	400
설 탕	130	520
달 걀	170	680
소 금	2	8
물 엿	8	32
베이킹파우더	0.5	2
우 유	20	80
바닐라향	1	4
계	431.5	1,726

※ 충전용 재료는 계량시간에서 제외

잼	50	200

제과 준비물

✚ 요구사항

다음 요구사항대로 젤리 롤 케이크를 제조하여 제출하시오.

❶ 배합표의 각 재료를 계량하여 재료별로 진열하시오(8분).

❷ 반죽은 공립법으로 제조하시오.

❸ 반죽 온도는 23℃를 표준으로 하시오.

❹ 반죽의 비중을 측정하시오.

❺ 제시한 팬에 알맞도록 분할하시오.

❻ 반죽은 전량을 사용하여 성형하시오.

❼ 캐러멜 색소를 이용하여 무늬를 완성하시오(무늬를 완성하지 않으면 제품 껍질 평가 0점 처리).

• 거품을 많이 올리되 반죽 완료 시 비중이 잘 맞아야 해요.

• 무늬가 약간 진한 갈색이며 간격, 두께가 일정하게 들어가면 예뻐요.

• 너무 오래 구우면 말다 터질 수 있으니 Over Baking하지 마세요.

01 반죽하기

① 가장자리에 가위집을 넣은 종이를 평철판에 깔아 둔다.
② 가루 재료를 체 친다(박력분 + B.P + 바닐라향).
③ 볼에 달걀 알끈을 푼 뒤, 설탕, 소금, 물엿을 넣고 중탕하여 온도 43~50℃로 맞춘다(더운 공립법).
④ ③의 반죽을 믹싱볼에 넣고 고속(3단)으로 80% 정도 올리고 2단으로 내려 3~4분 거품을 충분히 낸다(연한 미색을 띠며 거품기 자국이 선명하게 보이는 상태).

🍞 Baking Tip

• 더운 공립법으로 중탕할 때는 거품은 내지 않고 설탕, 소금, 물엿이 녹을 정도로 살짝 저어주세요.

02 반죽 완성하기 → 비중 재기

① 반죽을 스텐볼로 옮겨 체 친 가루를 넣고 그릇을 돌려가며 흔들어 살짝 섞고, 우유를 넣어 반죽의 되기를 조절한다.
② 반죽 온도는 23℃로 한다.
③ 비중은 0.45~0.50로 한다.

🍞 Baking Tip

• 밀가루나 버터를 넣고 많이 섞으면 비중이 금방 무거워져요.

03 패닝 → 굽기

❶ 종이를 깔아 둔 평철판에 반죽을 2수저 정도 남기고 부은 후 플라스틱 스크레이퍼로 두께가 일정하도록 평평하게 높이를 맞추고 가볍게 내리쳐 큰 기포를 제거한다.

❷ 2수저 남긴 반죽에 캐러멜을 1/2수저 정도 넣고 갈색을 만든 후 비닐 짤주머니에 넣는다. 끝을 0.5cm 정도 잘라내고 지그재그로 갈 지(之)자 모양을 그린 후 젓가락으로 반대 방향으로 휘저어 무늬를 그린다.

❸ 윗불은 180℃, 아랫불은 150℃에서 20분을 돌려가며 굽는다.

🥖 Baking Tip

• 비닐 짤주머니를 지급하므로 종이 짤주머니를 만들 필요가 없어요.

04 말기 → 제출하기

❶ 면보를 물에 적셔 꼭 짠 후 작업대에 깐다.

❷ 롤 케이크를 오븐에서 구워내자마자, 바로 면보 위에 뒤집어엎고, 분무기로 물을 뿌려 종이를 떼어낸다.

❸ 잼을 바르고 긴 밀대로 가운데에 구멍이 나지 않게 적당한 압력으로 만다.

❹ 면보를 제거한 후 그대로 제출한다.

🥖 Baking Tip

• 면보 대신 종이에 식용유를 발라 말아도 되나 면보가 훨씬 편리해요.
• 가운데 구멍이 나면 안 돼요.
• 면보에 물기가 적거나, 말고나서 너무 오래 면보를 벗기지 않으면 껍질이 벗겨져요.

My
Baking

시퐁 케이크(시퐁법)

Chiffon Cake

재료명	비율(%)	무게(g)
박력분	100	400
설탕(A)	65	260
설탕(B)	65	260
달 걀	150	600
소 금	1.5	6
베이킹파우더	2.5	10
식용유	40	160
물	30	120
계	454	1,816

제과 준비물

※ 배합표상 달걀 무게 합산 표기(계량시간 내에는 달걀의 개수로
　계량 후 제조 시 달걀흰자, 노른자를 분리하여 별립법으로 제조)

+ 요구사항

다음 요구사항대로 시퐁 케이크(시퐁법)를 제조하여 제출하시오.

❶ 배합표의 각 재료를 계량하여 재료별로 진열하시오(8분).

❷ 반죽은 시퐁법으로 제조하고 비중을 측정하시오.

❸ 반죽 온도는 23℃를 표준으로 하시오.

❹ 시퐁팬을 사용하여 반죽을 분할하고 구우시오.

❺ 반죽은 전량을 사용하여 성형하시오.

• 시퐁법은 노른자를 거품내지 않아요.

• 시퐁틀에 이형제로 물을 스프레이(Spray)하여 엎어 놓아 잘 빠지게 하세요.

• 틀에서 배낸 후 제출할 때까지 시간이 빠듯하니 서둘러 작업하세요.

• 시간이 매우 부족한 종목이니 서두르세요.

01 반죽하기

❶ 가루 재료를 체 친다(박력분 + B.P).
❷ 노른자의 알끈을 풀고 식용유를 섞은 후 설탕(A), 소금을 섞고 물을 섞어 설탕을 녹인다.
❸ 체 친 가루를 넣고 섞는다.
❹ 흰자를 믹싱볼에 넣고 60% 거품낸 후 설탕(B)을 넣고 90% 거품을 올려 머랭을 완성한다.

🥖 Baking Tip
• 노른자 반죽을 먼저 하고 머랭을 올려보세요.

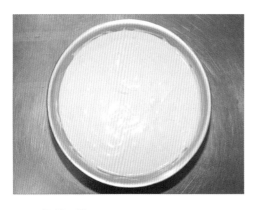

02 반죽 완성하기 → 비중 재기

❶ 노른자 반죽에 머랭을 2~3회 나눠 넣고 반죽을 완성한다.
❷ 반죽 온도는 23℃로 한다.
❸ 비중은 0.4~0.5로 한다.

🥖 Baking Tip
• 시험과목 중 가장 가벼운 반죽이에요. 머랭을 특히 잘 올려주세요.

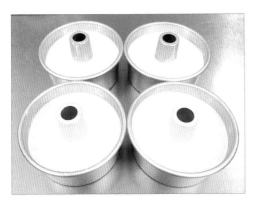

03 패닝 → 굽기

① 시퐁틀에 미리 스프레이(Spray)를 뿌려 뒤집어 놓은 상태에서 짤주머니에 반죽을 넣고 틀 안에 돌려가며 힘 있게 틀 아래 3~4cm, 전량 패닝한다(총 4개 분량).
② 젓가락으로 크게 3~4회 휘저어 큰 기포를 제거한다.
③ 윗불은 180℃, 아랫불은 170℃에서 30~40분 굽는다.

🥖 Baking Tip

• 스프레이(Spray)한 후 엎어 놓아 큰 물방울이 생기지 않게 하세요.
• 시간 내에 제출하기 어려운 제품이에요. 서두르세요.
• 가운데 뚫린 부분을 만져봤을 때 묻어나지 않을 때까지 구워야 해요.

04 제출하기

① 오븐에서 꺼내자마자 뒤집은 후 젖은 행주를 덮어 식힌다.
② 거의 다 식으면 손으로 가장자리를 눌러주고, 뒤집어 가볍게 훑어 내려 바닥을 제거한 후 제출한다.

🥖 Baking Tip

• 빨리 식어야 하니 젖은 행주를 자주 갈아 주세요.
• 윗면이 찌그러지지 않게 하기 위해서 뒤집어 식혀야 해요.
• 바닥면이 위로 올라오도록 제출하세요.

2시간 30분

난이도
★★★★★

My
Baking

치즈 케이크

Cheese Cake

✚ 배합표

재료명	비율(%)	무게(g)
중력분	100	80
버 터	100	80
설탕(A)	100	80
설탕(B)	100	80
달 걀	300	240
크림치즈	500	400
우 유	162.5	130
럼 주	12.5	10
레몬주스	25	20
계	1,400	1,120

제과 준비물

✚ 요구사항

다음 요구사항대로 치즈 케이크를 제조하여 제출하시오.

❶ 배합표의 각 재료를 계량하여 재료별로 진열하시오(9분).

❷ 반죽은 별립법으로 제조하시오.

❸ 반죽 온도는 20℃를 표준으로 하시오.

❹ 반죽의 비중을 측정하시오.

❺ 제시한 팬에 알맞도록 분할하시오.

❻ 굽기는 중탕으로 하시오.

❼ 반죽은 전량을 사용하시오.

※ 감독위원은 시험 전 주어진 팬을 감안하여 팬의 개수를 지정하여 공지한다.

- 비중을 잘 맞춰 반죽하세요.
- 머랭을 많이 올리면 윗면이 터질 수 있어요.
- 반죽이 분리되지 않게 조심하세요.

01 반죽하기

❶ 달걀을 노른자와 흰자로 분리한다.
❷ 볼(Bowl)에 치즈를 넣고 중탕하며 부드럽게 만든다.
❸ 버터를 넣고 잘 풀어준 뒤 설탕(A)을 섞고, 노른자를 넣으며 매끄러운 크림을 만든다.
❹ 흰자를 60% 거품을 내다 설탕(B)을 넣고 90% 정도의 머랭을 만든다.

Baking Tip
• 치즈를 따뜻한 상태에서 부드럽게 풀어주세요.

02 반죽 완성하기 → 비중 재기

❶ 위의 반죽에 우유를 조금씩 넣으며 섞는다.
❷ 럼주 + 레몬주스를 합친 후 넣는다.
❸ 머랭 1/2을 잘 섞은 뒤 체 친 가루를 가볍게 섞고, 나머지 머랭 1/2을 잘 섞어 매끄러운 반죽을 완성한다.
❹ 반죽 온도는 20℃로 한다.
❺ 비중은 0.6~0.7로 한다.

03 패닝 → 굽기

① 제시된 팬에 동량으로 패닝한 후 철판에 올려놓은 상태에서 따뜻한 물을 철판 높이의 1/3 정도 붓고(중탕), 윗불 150℃, 아랫불 150℃ 오븐에서 40분 정도 구워준다. 그리고 윗불을 180℃로 올려 10~15분 정도 윗면이 갈색이 나도록 굽는다.

② 윗면이 터지지 않도록 가끔 오븐 문을 열어주며 굽는다.

🍞 Baking Tip

• 윗지름 6.5~7.5mm, 아랫지름 4~5mm, 높이 3.5~4.5mm의 푸딩컵(비중컵) 사용 시 20개로 패닝하세요.
• 시험장에 따라 제시된 컵이 다를 수 있어요.
• 철판에 물을 부어 패닝할 때 컵에 물이 들어가지 않도록 주의하세요.
• 패닝 완료 후 컵을 바닥에 통통통 몇 번 쳐 주세요.
• 쇼트닝을 녹여 바르고, 팬에서 잘 빠지도록 하기 위해 설탕(계량 외)을 떠와 팬에 부어 흔들어 묻히고 다시 털어내요.

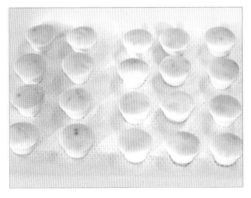

04 제출하기

① 냉각팬에 종이를 깔고 틀에서 치즈 케이크를 잘 빼낸 뒤 정성스럽게 디스플레이(Display)한 후 제출한다.

1시간 50분

난이도
★★☆☆☆

마드레느

Madeleine

160

재료명	비율(%)	무게(g)
박력분	100	400
베이킹파우더	2	8
설 탕	100	400
달 걀	100	400
레몬껍질	1	4
소 금	0.5	2
버 터	100	400
계	403.5	1,614

제과 준비물

✚ 요구사항

다음 요구사항대로 마드레느를 제조하여 제출하시오.

❶ 배합표의 각 재료를 계량하여 재료별로 진열하시오(7분).

❷ 마드레느는 수작업으로 하시오.

❸ 버터를 녹여서 넣는 1단계법(변형) 반죽법을 사용하시오.

❹ 반죽 온도는 24℃를 표준으로 하시오.

❺ 실온에서 휴지를 시키시오.

❻ 제시된 팬에 알맞은 반죽 양을 넣으시오.

❼ 반죽은 전량을 사용하여 성형하시오.

• 30~40℃로 버터부터 중탕하세요.

• 가루 재료에 달걀을 넣어야 덩어리지지 않아요.

• 휴지한 후 농도가 되직해요.

01 반죽하기

① 버터를 중탕하며 시작한다(40℃).
② 가루 재료를 체 친다(박력분 + B.P).
③ 레몬이 나오면 노란 부분만 칼로 저며 다지거나 강판에 간다.
④ 볼에 체로 친 가루, 설탕, 소금을 거품기로 섞는다.
⑤ 달걀을 한 번에 넣고 섞는다(너무 많이 젓지 않는다).
⑥ 중탕된 버터를 2~3회 나눠 섞고 레몬껍질을 넣어 반죽을 완성한다.
⑦ 반죽 온도는 24℃로 한다.
⑧ 실온에서 비닐을 덮어 30~40분 정도 휴지한다.

🥐 Baking Tip

• 레몬 대신 오렌지 필이 나올 수도 있는데 오렌지 필은 그냥 넣으면 돼요.
• 버터의 중탕 온도나 계절에 따라 휴지시간이 달라질 수 있어요.

02 이형제 바르기

① 마드레느틀에 이형제를 바른다.

🥐 Baking Tip

• 버터나 쇼트닝을 손으로 얇게 골고루 펴 바르거나 녹여 붓으로 바르는 것이 가장 편리해요.

03 패닝 → 굽기

① 약간 흐르는 듯이 휴지가 완성되면 짤주머니에 1cm 원형깍지를 끼우고 마드레느팬에 80% 일정하게 짠다(2판 분량).

② 윗불 180℃, 아랫불 160℃에서 20~25분 황금갈색으로 돌려가며 굽는다.

🥖 Baking Tip

• 패닝을 너무 많이 하지 마세요. 패닝을 너무 많이 하면 옆으로 퍼져 나와요.

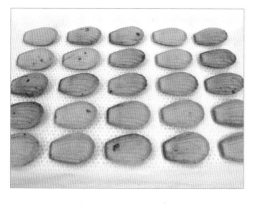

04 제출하기

① 냉각팬에 흰 종이를 깔고 정성스럽게 디스플레이(Display)한 후 제출한다.

🥖 Baking Tip

• 바닥(주름진 부분)이 위로 올라오도록 제출하세요.

1시간 50분

난이도
★★★☆☆

My
Baking

다쿠와즈

Dacquoise

✦ 배합표

재료명	비율(%)	무게(g)
달걀흰자	130	325(326)
설 탕	40	100
아몬드분말	80	200
분 당	66	165(166)
박력분	20	50
계	336	840(842)

※ 충전용 재료는 계량시간에서 제외

버터크림(샌드용)	90	225(226)

제과 준비물

✦ 요구사항

다음 요구사항대로 다쿠와즈를 제조하여 제출하시오.

❶ 배합표의 각 재료를 계량하여 재료별로 진열하시오(5분).

❷ 머랭을 사용하는 반죽을 만드시오.

❸ 표피가 갈라지는 다쿠와즈를 만드시오.

❹ 다쿠와즈 2개를 크림으로 샌드하여 1조의 제품으로 완성하시오.

❺ 반죽은 전량을 사용하여 성형하시오.

- 흰자에 노른자가 들어가지 않게 계량하세요.
- 머랭은 100% 올리고 가루를 매끄럽게 섞어요(질어지지 않도록 조심하세요).
- 플라스틱 스크레이퍼로 윗면을 평평하게 할 때 자주 하지 말고 되도록 1~2회에 끝내세요.

01 반죽하기

① 평철판에 실리콘페이퍼를 깔고 다쿠와즈팬을 올려놓는다.
② 가루 재료를 2~3번 체 친다(아몬드분말 + 분당 + 박력분).
③ 흰자를 60% 거품낸 후 설탕을 넣고 100% 머랭을 올린다.
④ 가루 재료에 머랭을 1/2씩 나눠 섞고 가루가 보이지 않을
정도로 90% 섞어준다.

🍞 Baking Tip

• 100% 머랭은 꼬리가 위로 서고 단단하며 탄력이 있어요.
• 손 믹싱, 기계 믹싱 둘 다 가능해요.
• 실리콘페이퍼를 2장 준비해 시험장에 반드시 가지고 가세요.

02 성형 → 패닝

① 짤주머니에 반죽을 담아 다쿠와즈팬에 넉넉히 짜준 후 플라
스틱 스크레이퍼로 평평하고 고르게 펴준다.
② 슈가파우더(계량 외 분당)를 고운 체를 이용하여 하나하나
골고루 뿌린다.
③ 다쿠와즈팬을 대각선으로 잡고 들어낸다.

🍞 Baking Tip

• 슈가파우더를 적당량 잘 뿌려야 균열이 잘 생겨요.
• 너무 많이 뿌리면 슈가파우더가 보이거나, 윤기만 나며 잘 안터지고 너무 적게 뿌리면 전혀 터짐이 없어요.

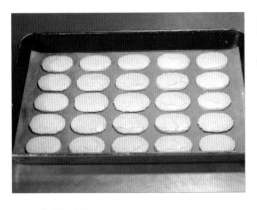

03 굽기

❶ 윗불 180℃, 아랫불 160℃에서 15~20분 정도 돌려가며 연한 황금갈색으로 굽는다.

🍞 Baking Tip

• 실리콘페이퍼를 사용하면 뗄 때 잘 떨어져요.

04 제출하기

❶ 식은 후 떼어내고 크림을 샌드해 제출한다.

🍞 Baking Tip

• 반드시 표피에 균열이 있는 제품을 만들어야 해요.

My
Baking

슈

Choux

재료명	비율(%)	무게(g)
물	125	250
버 터	100	200
소 금	1	2
중력분	100	200
달 걀	200	400
계	526	1,052

※ 충전용 재료는 계량시간에서 제외

커스터드 크림	500	1,000

제과 준비물

✚ 요구사항

다음 요구사항대로 슈를 제조하여 제출하시오.

① 배합표의 재료를 계량하여 재료별로 진열하시오(5분).

② 껍질 반죽은 수작업으로 하시오.

③ 반죽은 직경 3cm 전후의 원형으로 짜시오.

④ 커스터드 크림을 껍질에 넣어 제품을 완성하시오.

⑤ 반죽은 전량을 사용하여 성형하시오.

Chef's note

• 반죽의 되기가 제일 중요해요. 달걀 사용량을 잘 조절하세요.

• 밀가루는 완전히 호화되어야 하므로 시간(1분)을 지키세요.

• 구울 때 20분 정도는 절대 오븐의 문을 열지 마세요.

01 반죽하기

❶ 가루 재료를 체 친다(중력분).

❷ 볼에 물, 소금, 버터를 넣고 끓인다. 버터가 녹은 상태에서 팔팔 끓기 시작한 후 1분이 지나면 불을 약간 줄이고 밀가루를 넣고 다시 2~3분 동안 반죽에 끈기가 생기도록 저어 준다.

❸ 불에서 내려 한 김 나간 후(1분 정도) 달걀을 4개, 3개, 1개씩 거의 섞일 때쯤 넣어가며 되기 조절을 한다. 주르르 흐르면 안 되고 들어서 떨어뜨렸을 때 부드럽게 떨어지며 모양이 남아 있어야 한다.

Baking Tip

• 되기 조절이 무엇보다도 중요해요. 질지 않게 하세요.

02 성형 → 패닝

❶ 짤주머니에 원형깍지(1cm)를 끼워 평철판에 지름 3~4cm로 약간 소복하게 짠다(한 줄에 7~8개로 하여 5~6줄, 2판).

Baking Tip

• 일정한 간격과 모양, 크기로 줄을 맞춰 예쁘게 짜세요.

03 굽기

1. 스프레이를 뿌리거나 물을 부어 충분히 적신다.
2. 윗불 180℃, 아랫불 190℃에서 15분간 굽고 오븐 온도를 윗불 190℃, 아랫불 180℃로 바꿔 15~20분 구워 터진 부분에 살짝 갈색이 들 때까지 굽는다.
3. 색이 들기도 전에 팽창되고 있을 때 오븐 문을 열면 주저앉으니 주의한다.

🥖 Baking Tip
- 물을 뿌리는 이유는 껍질 형성을 천천히 시킴으로써 슈의 팽창과 터짐을 더욱 좋게 하려는 것이에요.
- 물을 뿌릴 때 반죽이 흐트러지지 않게 멀리서 뿌리세요.

04 제출하기

1. 원형깍지를 끼운 짤주머니에 넣고 구워낸 슈의 밑바닥에 구멍을 뚫어 커스터드 크림을 70~80% 짜 넣거나 슈의 윗면에 구멍을 뚫거나 잘라 충전한 후 제출한다.

🥖 Baking Tip
- 충전용 커스터드 크림은 지급재료로 제공돼요.
- 황금갈색을 띠며 가볍고 터짐이 균일하고 가운데가 텅 비어야 좋은 제품이에요.

2시간 30분

난이도
★★★★☆

호두파이

Walnut Pie

172

재료명	비율(%)	무게(g)
중력분	100	400
노른자	10	40
소 금	1.5	6
설 탕	3	12
생크림	12	48
버 터	40	160
물	25	100
계	191.5	766

+ 충전물

재료명	비율(%)	무게(g)
호 두	100	250
설 탕	100	250
물 엿	100	250
계피가루	1	2.5(2)
물	40	100
달 걀	240	600
계	581	1,452.5 (1,452)

껍질 준비물

충전물 준비물

※ 유동적으로 버터 대신 쇼트닝이 지급될 수 있음
※ 충전용 재료는 계량시간에서 제외

+ 요구사항

다음 요구사항대로 호두파이를 제조하여 제출하시오.

❶ 껍질 재료를 계량하여 재료별로 진열하시오(7분).

❷ 껍질에 결이 있는 제품으로 손 반죽으로 제조하시오.

❸ 껍질 휴지는 냉장온도에서 실시하시오.

❹ 충전물은 개인별로 각자 제조하시오(호두는 구워서 사용).

❺ 구운 후 충전물의 층이 선명하도록 제조하시오.

❻ 제시한 팬 7개에 맞는 껍질을 제조하시오(팬 크기가 다를 경우 크기에 따라 가감).

❼ 반죽은 전량을 사용하여 성형하시오.

Chef's note

• 반드시 호두를 구워 사용하세요.

• 일정한 모양으로 성형하세요.

• 시험시간이 부족할 수 있으니 모든 공정을 서두르세요.

01 반죽하기

❶ 호두를 180℃ 정도로 예열된 오븐에서 5분 정도 미리 구워 둔다.

❷ 중력분을 체 치고 냉수에 설탕, 소금을 녹인 다음 생크림을 혼합하고 노른자를 잘 풀어 섞는다.

❸ 볼(Bowl)에 체 친 가루와 버터를 넣고 스크레이퍼를 이용하여 버터 입자가 콩알보다 작도록(좁쌀 정도 크기) 다져준다.

❹ ❸의 가운데를 파고 ❷의 액체 재료를 넣어 한 덩어리를 만든다.

❺ 비닐로 싼 후 냉장실에 20분 정도 휴지한다.

02 충전물 만들기

❶ 설탕에 계피를 섞고 물, 물엿을 넣은 다음 중탕으로 설탕을 녹인다.

❷ 달걀 알끈을 풀고 거품기로 잘 저어준다(거품이 나지 않도록 주의한다).

❸ ❷에 ❶을 넣고 섞어준 뒤 위생지를 잘라 덮어주고 차가운 물을 받혀 식힌다.

🍞 **Baking Tip**

• 설탕, 계피, 물, 물엿을 중탕할 때 온도가 너무 높지 않도록 주의하세요(약 60℃).

• 위생지를 덮었다 떼어내면 기포를 제거할 수 있어요.

• 완성된 충전물을 체에 거르는 방법도 많이 사용하는데, 이때는 종이를 덮지 않아요.

03 성형하기

① 휴지된 반죽을 7등분하고 0.3cm 두께로 밀어 파이팬에 깔고 바닥을 눌러준 뒤 스크레이퍼로 가장자리를 잘라낸다.

② 가장자리를 꼬집어 모양낸다.

③ 바닥에 포크로 구멍을 낸 후(피케) 구운 호두를 넣고 충전물을 부어준다.

🥖 Baking Tip

• 파이틀 바닥에 이형제로 버터나 쇼트닝을 발라둬요(녹여 부드러운 상태에서 붓으로 발라요).

04 제출하기

① 호두파이 팬을 철판에 올리고 윗불 180℃, 아랫불 190℃에서 30~40분 정도 굽는다.

② 식힌 후 깨지지 않게 조심스럽게 들어서 뺀다. 냉각팬에 종이를 깔고 정성스럽게 디스플레이(Display)한 후 제출한다.

🥖 Baking Tip

• 바닥색이 갈색으로 잘 들어야 돼요.
• 너무 일찍 틀에서 빼면 부서질 수 있으니 주의하세요.

1시간 50분

난이도
★★★☆☆

My
Baking

초코머핀(초코컵 케이크)

Choco Muffin

✚ 배합표

재료명	비율(%)	무게(g)
박력분	100	500
설 탕	60	300
버 터	60	300
달 걀	60	300
소 금	1	5(4)
베이킹소다	0.4	2
베이킹파우더	1.6	8
코코아파우더	12	60
물	35	175(174)
탈지분유	6	30
초코칩	36	180
계	372	1,860(1,858)

제과 준비물

✚ 요구사항

다음 요구사항대로 초코머핀(초코컵 케이크)을 제조하여 제출하시오.

❶ 배합표의 각 재료를 계량하여 재료별로 진열하시오(11분).

❷ 반죽은 크림법으로 제조하시오.

❸ 반죽 온도는 24℃를 표준으로 하시오.

❹ 초코칩은 제품의 내부에 골고루 분포되게 하시오.

❺ 반죽 분할은 주어진 팬에 알맞은 양으로 패닝하시오.

❻ 반죽은 전량을 사용하여 성형하시오.

※ 감독위원은 시험 전 주어진 팬을 감안하여 팬의 개수를 지정하여 공지한다.

- 버터 상태를 파악하여, 겨울엔 살짝 중탕해서 부드럽게 만든 후 시작하세요.
- 반죽이 분리되면 반죽 양도 적고 잘 부풀지 않으니 주의하세요.
- 패닝 양을 일정하게 하세요.

01 반죽하기

① 가루 재료를 체 친다(박력분 + 코코아파우더 + 베이킹소다 + 베이킹파우더 + 탈지분유).

② 버터를 넣고 부드럽게 푼 다음 소금 + 설탕을 두 번에 나눠 섞는다.

③ 달걀을 1개씩 1~2분에 걸쳐 상태를 보며 분리되지 않도록 천천히 넣는다.

Baking Tip

• 버터를 부드럽게 풀어 Pomade(크림) 상태에서 시작하세요.

• 달걀을 너무 빨리 넣거나 반죽기의 속도가 느리면 반죽이 분리(순두부 상태)될 수 있으니 주의하세요.

02 반죽 완성하기

① 체 친 가루를 섞고 물을 넣는다(기계로 가능).

② 초코칩을 2/3 정도 섞는다.

③ 반죽 온도는 24℃로 한다.

03 패닝 → 굽기

❶ 머핀틀에 속지를 끼우고 짤주머니에 반죽을 넣어 80% 정도
의 양을 일정하게 짜 넣고 남은 초코칩을 골고루 뿌린다.

❷ 윗불 180℃, 아랫불 160℃에서 30분 정도 굽는다.

🥖 Baking Tip

• 24개 분량이니 패닝 양을 일정하게 주의하며 짜세요.

• 초코칩을 반죽 안에 다 넣어도 되고 조금 남겨 패닝 후 토핑하면 더욱 먹음직스러워 보이기도 해요.

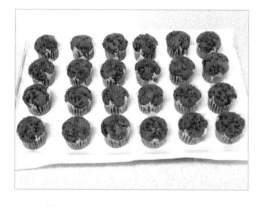

04 제출하기

❶ 냉각팬에 흰 종이를 깔고 정성스럽게 디스플레이(Display)한
후 제출한다.

🥖 Baking Tip

• 머핀의 가장 중앙을 눌러 보았을 때 묻어나지 않고 탄력이 있으며 건조한 듯하면 잘 익은 거예요.

1시간 50분

난이도
★★★☆☆

My
Baking

브라우니

Brownie

✚ 배합표

재료명	비율(%)	무게(g)
중력분	100	300
달 걀	120	360
설 탕	130	390
소 금	2	6
버 터	50	150
다크초콜릿(커버추어)	150	450
코코아파우더	10	30
바닐라향	2	6
호 두	50	150
계	614	1,842

제과 준비물

✚ 요구사항

다음 요구사항대로 브라우니를 제조하여 제출하시오.

❶ 배합표의 각 재료를 계량하여 재료별로 진열하시오(9분).

❷ 브라우니는 수작업으로 반죽하시오.

❸ 버터와 초콜릿을 함께 녹여서 넣는 1단계 변형반죽법으로 하시오.

❹ 반죽 온도는 27℃를 표준으로 하시오.

❺ 반죽은 전량을 사용하여 성형하시오.

❻ 3호 원형팬 2개에 패닝하시오.

❼ 호두의 반은 반죽에 사용하고 나머지 반은 토핑하며, 반죽 속과 윗면에 골고루 분포되게 하시오(호두는 구워서 사용).

- 초콜릿과 버터의 중탕 온도가 너무 높지 않도록 주의하세요(약 40℃).
- 완성된 반죽이 쉽게 굳을 수 있으니 패닝을 빨리하세요.
- 초콜릿 색은 익은 시점을 확인하기 어려우니 굽는 시간을 잘 관리하세요.

01 중탕하기

❶ 초콜릿과 버터를 중탕으로 녹인다.
❷ 다른 볼에 달걀 알끈을 풀고 설탕, 소금을 넣고 살짝 중탕 후 약간 거품낸다.

🍰 Baking Tip

• 오븐을 켜고 180℃ 예열 후 호두를 5분 정도 먼저 구워요(탈 수 있으니 조심하세요).
• 3호 원형틀 2개에 미리 종이를 깔아 놓아요.
• 초콜릿과 버터를 중탕할 때는 끓기 직전의 너무 뜨겁지 않은 물이 좋아요.
• 중탕 후 초콜릿과 버터의 용해온도는 30~35℃ 정도로 하세요.
• 달걀에 넣은 설탕과 소금이 잘 안 녹으면 초콜릿 중탕했던 물을 사용해 살짝 중탕하면 금방 녹아요.
• Coin(동전) 형태의 초콜릿이 지급돼요.

02 반죽하기

❶ 중력분, 코코아파우더, 바닐라향을 체 친다.
❷ 달걀 + 설탕 + 소금을 섞어 살짝 거품을 낸 후 녹여놓은 초콜릿 + 버터를 섞는다.
❸ 체 친 가루를 섞고 호두의 반을 섞어 반죽을 완성한다(반죽 온도 27℃).

🍰 Baking Tip

• 전 재료가 균일하게 혼합되어야 해요.

03 패닝하기

❶ 3호 원형틀 2개에 반죽을 나눠 패닝하고 남은 호두를 뿌린다.

04 굽기 → 제출하기

❶ 윗불 180℃, 아랫불 150℃에서 45~50분 정도 구운 후 냉각팬에 뺀다.
❷ 냉각팬에 흰 종이를 깔고 정성스럽게 디스플레이(Display)한 후 제출한다.

🥖 Baking Tip

• 너무 오래 구우면 딱딱해요.
• 구웠을 때 브라우니 특유의 촉촉함이 있어야 해요.
• 구운 후 케이크의 밑바닥이 움푹 들어가지 않아야 해요.
• 구워낸 브라우니 바닥이 반드시 평평해야 해요.

My
Baking

타르트

Tarte

✚ 반죽

재료명	비율(%)	무게(g)
박력분	100	400
달 걀	25	100
설 탕	26	104
버 터	40	160
소 금	0.5	2
계	191.5	766

✚ 충전물

재료명	비율(%)	무게(g)
아몬드분말	100	250
설 탕	90	226
버 터	100	250
달 걀	65	162
브랜디	12	30
계	367	918

✚ 광택제 및 토핑

재료명	비율(%)	무게(g)
에프리코트혼당	100	150
물	40	60
계	140	210
아몬드 슬라이스	66.6	100

※ 충전물, 광택제 및 토핑 재료는 계량시간에서 제외

반죽 준비물

충전물, 광택제 및 토핑 준비물

✚ 요구사항

다음 요구사항대로 타르트를 제조하여 제출하시오.

❶ 배합표의 반죽용 재료를 계량하여 재료별로 진열하시오(5분).

　(충전물·토핑 등의 재료는 휴지시간을 활용하시오)

❷ 반죽은 크림법으로 제조하시오.

❸ 반죽 온도는 20℃를 표준으로 하시오.

❹ 반죽은 냉장고에서 20~30분 정도 휴지하시오.

❺ 반죽은 두께 3mm 정도 밀어펴서 팬에 맞게 성형하시오.

❻ 아몬드 크림을 제조해서 팬(ϕ10~12cm) 용적의 60~70% 정도 충전하시오.

❼ 아몬드 슬라이스를 윗면에 고르게 장식하시오.

❽ 8개를 성형하시오.

❾ 광택제로 제품을 완성하시오.

Chef's note

- 시간이 부족할 수 있으니 빠르게 제작하세요.
- 타르트 반죽을 일정한 두께(3mm)로 밀어주세요.
- 타르트 반죽과 충전물 양이 정확히 맞아 떨어지니 잘 맞추세요.

01 타르트 껍질 반죽하기 → 충전물 만들기 (크렘드망드 ; Crème Dámande) - 크림법

① 버터를 부드럽게 풀어주고 설탕+소금을 두 번에 나눠 섞는다.
② 달걀을 1개씩 섞는다.
③ 체 친 박력분을 넣고 섞어 뭉치고 비닐에 싼 후 냉장 20분 휴지한다.
④ 버터를 부드럽게 풀어주고 설탕을 두 번에 나눠 섞는다.
⑤ 달걀을 1개씩 천천히 넣고 섞는다.
⑥ 체 친 아몬드 분말을 섞고 브랜디를 넣어 크림 상태로 만든다.

Baking Tip

• 버터를 크림화 할 때(Pomade 상태) 딱딱하면 뜨거운 물을 받쳐 살짝 녹여 사용하세요(오븐에 잠깐 넣었다 빼도 좋으나 완전히 용해되지 않도록 주의하세요).
• 달걀을 빨리 넣으면 분리(순두부 상태)될 수 있으니 조심하세요.

02 성형하기

① 타르트 반죽을 3mm 두께로 밀어 펴 틀에 깔고, 안쪽까지 펴 바른 후 여분의 반죽을 밖으로 꺾고, 밀대로 밀어 여분의 반죽을 떼어낸다.
② 반죽의 바닥을 포크로 찔러 구멍을 낸다(피케).

03 충전물 짜기

① 충전물을 짤주머니에 담아 타르트 반죽 위에 둥글게 돌려 짠다.
② 아몬드 슬라이스를 골고루 뿌린다(ϕ10~12cm 타르트팬 8개).

🍞 Baking Tip

• 정확히 8개 분량이므로 두께 조절을 잘하세요.
• 포크로 피케하는 이유는 타르트 바닥이 들뜨지 않게 하기 위함이에요.
• 충전물을 주걱으로 퍼 담아도 돼요. 평평하게 일정한 양을 담으세요.

04 굽기 → 광택 만들기 → 제출하기

① 8개의 타르트팬을 철판 위에 올려놓고 윗불 180℃, 아랫불 190℃에서 30~40분 정도 노릇하게 굽는다.
② 광택제 만들기 : 살구잼, 물을 넣고 중불에서 약하게 끓인다.
③ 타르트를 틀에서 분리한 후 광택제를 발라 완성한다.
④ 냉각팬에 흰 종이를 깔고 정성스럽게 디스플레이(Display) 한 후 제출한다.

🍞 Baking Tip

• 노릇노릇 갈색이 윗면과 옆면 바닥까지 잘 들어야 해요.
• 타르트가 구워져 나오기 10분 전쯤 광택제를 만들어요.

My
Baking

흑미 롤 케이크(공립법)

Black Rice Roll Cake

✚ 배합표

재료명	비율(%)	무게(g)
박력쌀가루	80	240
흑미쌀가루	20	60
설 탕	100	300
달 걀	155	465
소 금	0.8	2.4(2)
베이킹파우더	0.8	2.4(2)
우 유	60	180
계	416.6	1,249.8 (1,249)

※ 충전용 재료는 계량시간에서 제외

생크림	60	150

반죽 준비물

충전물 준비물

✚ 요구사항

다음 요구사항대로 흑미 롤 케이크(공립법)를 제조하여 제출하시오.

❶ 배합표의 각 재료를 계량하여 재료별로 진열하시오 (7분).

❷ 반죽은 공립법으로 제조하시오.

❸ 반죽 온도는 25℃를 표준으로 하시오.

❹ 반죽의 비중을 측정하시오.

❺ 제시한 팬에 알맞도록 분할하시오.

❻ 반죽은 전량을 사용하여 성형하시오(시트의 밑면이 윗 면이 되게 정형하시오).

Chef's note

• 더운 공립법(온도 43~50℃)으로 하세요.

• 생크림을 단단히 올려 주세요.

• 오래 구우면 말다 터질 수 있으니 Over Baking 하지 마세요.

01 반죽하기

❶ 가장자리에 가위집을 넣은 종이를 평철판에 깔아 둔다.

❷ 가루 재료를 미리 체 쳐 둔다(박력쌀가루 + 흑미쌀가루 + 베이킹파우더).

❸ 볼에 달걀 알끈을 푼 뒤 설탕, 소금을 넣고 중탕하여 43~50℃로 맞춘다(더운 공립법).

❹ 우유를 살짝 데워둔다.

❺ 반죽을 믹싱볼에 넣고 고속(3단)으로 4~5분 정도 거품을 충분히 낸다(연한 미색을 띠며 거품기 자국이 살아 있다). 기어를 2단으로 3~4분 정도 놓고 거품을 안정시키고 우유를 1/2 정도 조금씩 부어주며 섞는다.

🍞 Baking Tip

• 믹싱볼에 달걀, 설탕을 넣고 중탕하는 것도 좋아요.

02 반죽 완성하기 → 비중 재기

❶ 체 친 가루를 넣은 후 손이나 주걱으로 빠르게 흔들어 섞고, 남은 우유에 반죽을 넉넉히 섞어준 뒤 반죽에 부어 반죽을 완성한다.

❷ 반죽 온도는 25℃로 한다.

❸ 비중은 0.4 내외로 한다.

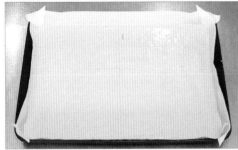

03 패닝 → 굽기 → 생크림 올리기

❶ 종이를 깔아 둔 평철판에 반죽을 부은 후, 플라스틱 스크레이퍼로 두께가 일정하도록 평평하게 높이를 맞추고, 가볍게 내리쳐 큰 기포를 제거한다.

❷ 윗불 190℃, 아랫불 150℃에서 12~13분 정도 갈색이 약간 날 정도로 굽고, 다 구워지면 충격을 한 번 준 뒤 바로 냉각팬에 뺀다.

❸ 생크림 올리기 : 생크림을 볼에 넣고 휘퍼로 단단하게 거품을 낸다.

04 말기 → 제출하기

❶ 면보를 물에 적셔 꼭 짠 후 작업대에 깐다.

❷ 식은 흑미 롤 케이크를 윗면이 위로 오도록 면보에 깔고, 생크림을 골고루 바른 뒤, 긴 밀대로 가운데에 구멍이 나지 않게 적당한 압력으로 만다(뒤집어진 상태).

　※ 뒤집어 마는 방법은 초코 롤 케이크 동영상 참고

❸ 냉각팬에 흰 종이를 깔고 롤 케이크를 잘 들어 옮긴 후 제출한다.

My
Baking

초코 롤 케이크

Choco Roll Cake

✚ 배합표

재료명	비율(%)	무게(g)
박력분	100	168
달 걀	285	480
설 탕	128	216
코코아파우더	21	36
베이킹소다	1	2
물	7	12
우 유	17	30
계	559	944

※ 충전용 재료는 계량시간에서 제외

다크커버추어	119	200
생크림	119	200
럼	12	20

반죽 준비물

충전물 준비물

✚ 요구사항

다음 요구사항대로 초코 롤 케이크를 제조하여 제출하시오.

❶ 배합표의 각 재료를 계량하여 재료별로 진열하시오
  (7분).

❷ 반죽은 공립법으로 제조하시오.

❸ 반죽 온도는 24℃를 표준으로 하시오.

❹ 반죽의 비중을 측정하시오.

❺ 제시한 철판에 알맞도록 패닝하시오.

❻ 반죽은 전량을 사용하시오.

❼ 충전용 재료는 가나슈를 만들어 제품에 전량 사용하시오.

❽ 시트를 구운 윗면에 가나슈를 바르고, 원형이 잘 유지
  되도록 말아 제품을 완성하시오(반대 방향으로 롤을
  말면 성형 및 제품평가 해당 항목 감점).

Chef's note

• 더운 공립법(온도 43~50℃)으로 하세요.

• 가나슈 되기를 잘 맞춰 바르세요.

• 오래 구우면 말다 터질 수 있으니 Over Baking
  하지 마세요.

01 반죽하기

❶ 가장자리에 가위집을 넣은 종이를 평철판에 깔아 둔다.
❷ 가루 재료를 미리 체 쳐 둔다(박력분 + 코코아파우더 + 베이킹소다).
❸ 볼에 달걀 알끈을 푼 뒤, 설탕을 넣고 중탕하여 43~50℃로 맞춘다(더운 공립법).
❹ 물과 우유를 살짝 데워둔다.
❺ ❸의 반죽을 믹싱볼에 넣고 고속(3단)으로 4분 정도 거품을 충분히 낸다(연한 미색을 띠며 거품기 자국이 살아 있다). 기어를 2단으로 놓고 4~5분 정도 거품을 안정시키고 우유와 물을 섞어 반죽에 조금씩 부어주며 섞는다.

🍞 **Baking Tip**
• 믹싱볼에 달걀, 설탕을 넣고 중탕하는 것도 좋아요.

02 반죽 완성하기 → 비중 재기

❶ 체 친 가루를 넣은 후 손이나 주걱으로 빠르게 골고루 섞는다.
❷ 반죽 온도는 24℃로 한다.
❸ 비중은 0.4 내외로 한다.

03 패닝 → 가나슈 만들기

❶ 종이를 깔아 둔 평철판에 반죽을 부은 후, 플라스틱 스크레이퍼로 두께가 일정하도록 평평하게 높이를 맞추고, 가볍게 내리쳐 큰 기포를 제거한다.

❷ 윗불 190℃, 아랫불 150℃에서 13분 정도 굽고 다 구워지면 즉시 냉각판에 뺀다.

❸ 가나슈 만들기 : 생크림을 약불로 가열하여 가장자리에 기포가 생기면(약 80℃) 불을 끄고 초콜릿에 부어 섞은 다음 럼주를 넣고 섞는다.

🥖 Baking Tip

• 가나슈가 식지 않으면 찬물을 받혀주고, 너무 굳으면 더운 물에 받혀서 바르기 좋은 농도로 맞춰 사용하세요.

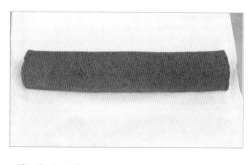

04 말기 → 제출하기

❶ 면보를 물에 적셔 꼭 짠 후 작업대에 깐다.

❷ 식은 초코 롤 케이크를 윗면이 위로 오도록 면보에 깔고, 가나슈를 바른 뒤, 긴 밀대로 가운데에 구멍이 나지 않게 적당한 압력으로 만다(뒤집어진 상태).

❸ 면보와 종이를 제거한 후 제출한다.

🥖 Baking Tip

• 면보 대신 종이에 식용유를 발라 말아도 되지만 면보가 훨씬 편리해요.

• 면보를 사용하지 않고 종이채로 말 수도 있어요.

제과제빵기능사 더 알아보기에서는

출제기준 변경으로 삭제된 과제를 수록하였습니다. 알아두면 도움이 되는
15개의 과제를 통해 전문적인 파티셰의 길로 한 걸음 더 나아갈 수 있습니다.

제과제빵기능사

더 알아보기

- 건포도 식빵
- 브리오슈
- 옐로 레이어 케이크
- 멥쌀 스펀지 케이크

- 더치빵
- 데니시 페이스트리
- 데블스 푸드 케이크
- 찹쌀도넛

- 햄버거빵
- 페이스트리 식빵
- 밤과자
- 사과파이

- 프랑스빵
- 마카롱 쿠키
- 퍼프 페이스트리

건포도 식빵

Raisin Pan Bread

재료명	비율(%)	무게(g)
강력분	100	1,400
물	60	840
이스트	3	42
제빵개량제	1	14
소 금	2	28
설 탕	5	70
마가린	6	84
탈지분유	3	42
달 걀	5	70
건포도	25	350
계	210	2,940

제빵 준비물

＋ 요구사항

다음 요구사항대로 건포도 식빵을 제조하여 제출하시오.

❶ 배합표의 각 재료를 계량하여 재료별로 진열하시오(10분).

❷ 반죽은 스트레이트법으로 제조하시오(단, 유지는 클린업 단계에서 첨가하시오).

❸ 반죽 온도는 27℃를 표준으로 하시오.

❹ 표준 분할 무게는 180g으로 하고, 제시된 팬의 용량을 감안하여 결정하시오(단, 분할 무게×3을 1개의 식빵으로 함).

❺ 반죽은 전량을 사용하여 성형하시오.

• 건포도를 믹싱한 다음 저속(기어 1단)에서 건포도가 터지지 않게 살짝 섞으세요.

• 건포도 양이 워낙 많으므로 골고루 섞이도록 믹서가 정지한 상태에서 손으로 바닥의 건포도를 끌어올려주는 작업을 해도 좋아요.

• 건포도 섞기가 제일 중요해요.

01 반죽 → 1차 발효 → 분할 → 둥글리기

❶ 마가린과 건포도를 제외한 전 재료를 넣고 저속(기어 1단)에서 믹싱을 시작한다.

❷ 중속(기어 2단)을 넣고 2~3분 믹싱한 후 클린업 단계에서 마가린을 넣고 고속(기어 3단)에서 글루텐 100%, 반죽 온도 27℃로 완료한 후, 저속(기어 1단)으로 건포도가 터지지 않게 골고루 섞어준다(부드럽고 매끄러우며 신장성이 최대인 단계 : 최종단계).

❸ 27℃, 75~80% 발효실에서 70분 발효한다(부피가 2~3배 될 때까지 한다).

❹ 180g×3개씩 분할하여 둥글리기한다(총 16개).

◢◢◢◢ Baking Tip

• 실제 시험시간 관계상 건포도 전처리는 간략하게 하세요.

• 살짝 씻어 바로 건져 물기를 마른 행주로 제거하거나 씻지 말고 젖은 행주로 닦으세요.

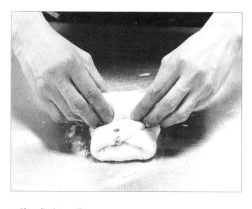

02 중간발효 → 성형

❶ 반죽이 마르지 않도록 비닐을 덮어 10분 정도 발효한다(부피가 2배 정도 되도록 한다).

❷ 건포도가 터지지 않도록 가볍게 밀되 밀대로 눌러 가스를 잘 뺀다.

❸ 일정한 두께로 밀어 3겹 접기를 한 후 좌우대칭이 되도록 둥글게 말아 이음매를 단단히 봉해 삼봉형으로 성형한다.

◢◢◢◢ Baking Tip

• 한 덩어리에 들어 있는 건포도의 개수가 동일할 정도로 건포도가 잘 섞여야 해요.

• 가능하면 건포도가 위로 올라오지 않게 성형하세요.

03 패닝 → 2차 발효 → 굽기

❶ 이음매를 아래로 하여 식빵팬에 3개를 넣고 밑면이 평평하고 삼봉형이 잘 나오도록 살짝 가볍게 눌러준다.

❷ 온도 38~40℃, 습도 85~90%에서 30~40분 발효한다. → 틀 위로 0.5~1cm 정도 올라온 상태가 되게 한다.

❸ 윗불 170℃, 아랫불 190℃에서 약 30분 굽는다(불 조절).

🥖 Baking Tip

• 건포도에 함유된 당의 영향으로 껍질색이 빨리 나오므로 윗불을 줄여가며 옆색까지 원하는 색으로 구우세요 (10~15℃ 정도).

04 제출하기

❶ 냉각팬에 흰 종이를 깔고 정성스럽게 디스플레이(Display)한 후 제출한다.

🥖 Baking Tip

• 부피, 균형감, 껍질색(윗색, 옆색)이 특히 중요해요.

더치빵

Dutch Bread

✚ 빵 반죽

재료명	비율(%)	무게(g)
강력분	100	1,100
물	60~65	660~715
이스트	4	44
제빵개량제	1	11(12)
소 금	1.8	20
설 탕	2	22
쇼트닝	3	33(34)
탈지분유	4	44
흰 자	3	33(34)
계	178.8 ~183.8	1,967 (2,025)

✚ 토 핑

재료명	비율(%)	무게(g)
멥쌀가루	100	200
중력분	20	40
이스트	2	4
설 탕	2	4
소 금	2	4
물	(85)	(170)
마가린	30	60
계	241	482

※ 토핑용 재료는 계량시간에서 제외
(토핑 제조 시 물 양 조정 가능)

빵 반죽 준비물

토핑 준비물

✚ 요구사항

다음 요구사항대로 더치빵을 제조하여 제출하시오.
❶ 더치빵 반죽 재료를 계량하여 재료별로 진열하시오
(9분).
❷ 반죽은 스트레이트법으로 제조하시오(단, 유지는 클린
업 단계에 첨가하시오).
❸ 반죽 온도는 27℃를 표준으로 하시오.
❹ 빵 반죽에 토핑할 시간을 맞추어 발효시키시오.
❺ 빵 반죽은 1개당 300g씩 분할하시오.
❻ 반죽은 전량을 사용하여 성형하시오.

Chef's note

• 성형 시 약간 단단히 말고 25cm 정도의 원통 모
양으로 만드세요(럭비공 모양도 좋아요).
• 토핑물의 되기가 제일 중요해요. 바르기 전에 물
로 농도를 조절하세요. 토핑이 너무 되고 두껍게
발리면 큰 균열이 생기면서 색이 잘 안 들고, 질고
얇게 발리면 균열이 없거나 빨리 타요.

01 반죽 → 1차 발효 → 분할 → 둥글리기

❶ 쇼트닝을 제외한 전 재료를 넣고 저속(기어 1단)에서 믹싱을 시작한다.

❷ 중속(기어 2단)으로 2~3분 믹싱한 후 클린업 단계에서 쇼트닝을 넣고 고속(기어 3단)에서 글루텐 100%, 반죽 온도 27℃로 만든다(부드럽고 매끄러우며 신장성이 최대인 단계 : 최종단계).

❸ 27℃, 75~80% 발효실에서 60분 발효한다(부피가 3배 될 때까지 한다).

❹ 300g×3개씩(1판) 분할하여 둥글리기한다(총 6개).

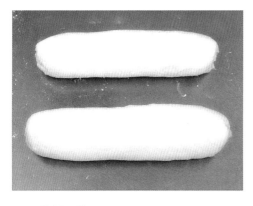

02 중간발효 → 성형

❶ 반죽이 마르지 않도록 비닐을 덮어 10~15분 발효한다(부피가 2배 정도 되도록 한다).

❷ 반죽을 눌러 가스를 뺀 후 밀대로 길게 밀어 위에서부터 약간 단단하게 말아 두께 25cm 정도의 원통형(또는 럭비공 모양)으로 일정하게 만다.

🥖 **Baking Tip**

토핑 만들기(1차 발효 중 만드세요)

• 마가린을 중탕한다.

• 중탕된 마가린을 제외하고 물을 뺀 전 재료를 섞은 후 물을 적당히 넣어가며 섞는다(섞을수록 질어진다).

• 약간 되직한 상태에서 중탕된 버터를 섞어 실온에서 비닐을 덮어 발효실에서 2차 발효될 때까지 발효시킨다(중탕된 마가린을 토핑 제작 1시간 후에 넣어도 돼요).

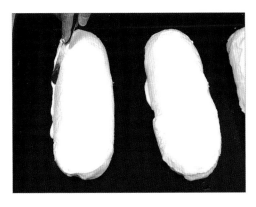

03 패닝 → 2차 발효 → 토핑 바르기 → 굽기

① 이음매를 아래로 하여 평철판에 3개를 반듯하게 패닝한다.

② 온도 35~38℃, 습도 85~90%에서 30~40분 발효한다.
반죽을 흔들었을 때 조금 흔들릴 정도가 적당하며 살짝 건
조시킨 후 토핑을 농도 조절하여 일정한 두께로 옆면까지
골고루 바른다.

③ 윗불 200℃, 아랫불 170℃에서 20~25분 굽는다.

🥖 Baking Tip

• 토핑을 바르기 전의 농도는 주르륵 흐르지 않고 생크림 정도가 좋아요.

• 토핑은 너무 질지 않고 약간 되게 제조하세요. 되게 만들어지면 토핑을 바르기 직전에 물을 조금 넣어가며 조절하면
돼요.

04 제출하기

① 냉각팬에 흰 종이를 깔고 정성스럽게 디스플레이(Display)한
후 제출한다.

🥖 Baking Tip

• 최근에는 약간 긴 럭비공 모양으로 성형하기도 하는데 잘 만들면 막대 모양보다 더 볼륨이 있어요.

• 토핑반죽이 되직하면 바르기 전 물을 더 넣어 바르기 좋은 상태로 만들고, 되기를 조절하여 사용하세요.

• 일명 Tiger Bread라고 해요. 호랑이 등껍질처럼 모양이 툭툭 갈라지게 나와야 해요.

My
Baking

햄버거빵

Hamburger Buns

✚ 배합표

재료명	비율(%)	무게(g)
중력분	30	330
강력분	70	770
이스트	3	33
제빵개량제	2	22
소 금	1.8	19.8(20)
마가린	9	99
탈지분유	3	33
달 걀	8	88
물	48	528
설 탕	10	110
계	184.8	2,032.8(2,033)

제빵 준비물

✚ 요구사항

다음 요구사항대로 햄버거빵을 제조하여 제출하시오.

❶ 배합표의 각 재료를 계량하여 재료별로 진열하시오(10분).

❷ 반죽은 스트레이트법으로 제조하시오(단, 유지는 클린업 단계에 첨가하시오).

❸ 반죽 온도는 27℃를 표준으로 하시오.

❹ 반죽 분할 무게는 개당 60g으로 제조하시오.

❺ 모양은 원반형이 되도록 하시오.

❻ 반죽은 전량을 사용하여 성형하시오.

Chef's note

• 햄버거 전용팬이 나온다면 믹싱을 좀 많이(Over) 하세요.

• 햄버거빵은 동그랗고 두툼해야 해요.

• 둥글리기가 잘 돼야 동그랗게 성형이 잘 돼요.

01 반죽 → 1차 발효 → 분할 → 둥글리기

❶ 버터를 제외한 전 재료를 넣고 저속(기어 1단)에서 믹싱을 시작한다.

❷ 중속(기어 2단)에서 2~3분 믹싱 후 클린업 단계에서 버터를 넣고 고속(기어 3단)으로 글루텐 100~120%, 반죽 온도 27℃로 만든다(부드럽고 유연하며 신장성이 최대인 상태 : 최종단계).

❸ 27℃, 75~80% 발효실에서 70분 발효한다(부피가 3배 될 때까지 한다).

❹ 60g×10개씩(1판) 분할하여 둥글리기한다(총 33개).

Baking Tip

• 중간발효가 많이 됐거나 발효된 상태가 동그랗지 않다면 둥글리기를 살짝 다시 해서 밑면을 봉한 후 밀대로 밀면 동그랗게 돼요.

02 중간발효 → 성형

❶ 반죽이 마르지 않도록 비닐을 덮어 10분정도 발효한다(부피가 2배 정도 되도록 한다).

❷ 밀대로 돌려가며 밀어 지름 8cm로 동그랗게 민다.

Baking Tip

• 가장자리는 가스 빼기를 특히 잘하시고 가운데만 밀어 가장자리를 얇게 하지 마세요.

03 패닝 → 2차 발효 → 굽기

① 12개를 평철판에 간격에 맞춰 패닝한 후 달걀물을 바른다.
② 온도 38~40℃, 습도 85~90%에서 약 40분 발효한다.
③ 윗불 190℃, 아랫불 165℃에서 15분 정도 굽는다.

🥖 Baking Tip

- 2차 발효는 좀 넉넉하게 해야 오븐 팽창이 그리 크지 않아요.
- 10개 패닝하는 게 더 잘 나와요.

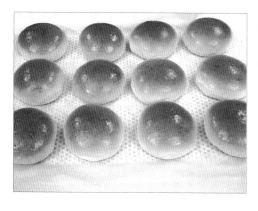

04 제출하기

① 냉각팬에 흰 종이를 깔고 정성스럽게 디스플레이(Display)한 후 제출한다.

4시간

난이도
★★★★★

My
Baking

프랑스빵

French Bread

+ 배합표

재료명	비율(%)	무게(g)
강력분	100	1,000
물	65	650
이스트	3.5	35(36)
제빵개량제	1.5	15(16)
소 금	2	20
계	172	1,720(1,722)

제빵 준비물

+ 요구사항

다음 요구사항대로 프랑스빵을 제조하여 제출하시오.

❶ 배합표의 각 재료를 계량하여 재료별로 진열하시오(5분).

❷ 반죽은 스트레이트법으로 제조하시오.

❸ 반죽 온도는 24℃를 표준으로 하시오.

❹ 반죽은 200g씩으로 분할하고, 막대 모양으로 만드시오(단, 막대 길이는 30cm, 3군데에 자르기를 하시오).

❺ 반죽은 전량을 사용하여 성형하시오.

❻ 평철판을 사용하여 구우시오.

- 평철판에 구울 때는 80% 정도만 믹싱하세요(시험장에서 바게트 전용팬이 나오면 100% 믹싱하세요).
- 3개의 칼집이 일정한 길이, 깊이로 들어가야 해요.
- 스팀(Spray)을 주어 칼집이 잘 터지고 볼륨(Volume)을 좋게 하세요.

01 반죽 → 1차 발효 → 분할 → 둥글리기

❶ 모든 재료를 한꺼번에 볼에 넣고 80% 정도 믹싱하여 반죽 온도를 24℃로 한다.

❷ 27℃, 75~80% 발효실에서 70분 발효한다(부피가 3배 될 때까지 한다).

❸ 200g×3개씩(1판) 분할하여 둥글리기한다(총 8개).

▟▟▟▟ Baking Tip

• 반죽이 약간 질다면 물을 10~20g 빼서 해보세요.
• 모양을 유지하려면 반죽시간도 짧고 온도도 낮아야 해요.

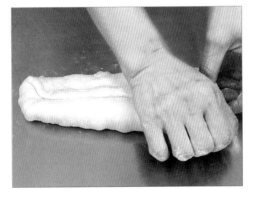

02 중간발효 → 성형

❶ 반죽이 마르지 않도록 비닐을 덮어 15~20분 발효한다(2배 정도 부피가 되도록 한다).

❷ 손 또는 밀대를 이용하여 눌러 가스를 적당히 빼고 가로로 3절 접기한 후 길이 30cm 정도의 둥근 막대 모양으로 성형한다.

03 패닝 → 2차 발효 → 칼집 넣기 → 스팀 → 굽기

① 이음매를 아래로 하여 평철판에 4개를 패닝한다.

② 온도 32℃, 습도 75~80%에서 60분 건조발효한다.

③ 반죽을 흔들었을 때 조금 흔들릴 정도가 적당하며 반죽 표
면을 살짝 건조시킨 후 일정한 간격으로 길이 7cm 정도 3개
의 칼집을 넣고 스프레이로 물을 충분히 뿌린다.

④ 윗불 230℃, 아랫불 220℃에서 10분 정도 구운 다음 윗불
200℃, 아랫불 200℃로 낮춰 10분 정도 더 굽는다.

🎵 Baking Tip

• 이음매를 확실히 붙이세요.
• 모양이 휘지 않도록 하고 반듯하게 철판에 놓으세요.
• 모양을 유지하기 위해 건조발효해요.
• 무엇보다 칼집이 중요해요. 연습을 많이 하셔서 시험장에서는 자신 있게 칼집을 넣으세요.
• 시험장은 스팀오븐이 아니므로 물을 스프레이로 충분히 뿌리세요.
• 불을 조절해가며 말리듯이 충분히 구우세요.
• 칼집 넣기는 오른쪽 그림과 같이 해요.

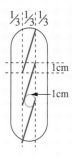

04 제출하기

① 냉각팬에 흰 종이를 깔고 정성스럽게 디스플레이(Display)한
후 제출한다.

My
Baking

브리오슈

Brioche

✚ 배합표

재료명	비율(%)	무게(g)
강력분	100	900
물	30	270
이스트	8	72
소 금	1.5	13.5(14)
마가린	20	180
버 터	20	180
설 탕	15	135(136)
탈지분유	5	45(46)
달 걀	30	270
브랜디	1	9(8)
계	230.5	2,074.5(2,076)

제빵 준비물

✚ 요구사항

다음 요구사항대로 브리오슈를 제조하여 제출하시오.

❶ 배합표의 각 재료를 계량하여 재료별로 진열하시오(10분).

❷ 반죽은 스트레이트법으로 제조하시오(단, 유지는 클린업 단계에 첨가하시오).

❸ 반죽 온도는 25~26℃를 표준으로 하시오.

❹ 분할 무게는 40g씩이며, 오뚝이 모양으로 제조하시오.

❺ 반죽은 전량을 사용하여 성형하시오.

- 유지가 워낙 많은 반죽이므로 버터와 마가린을 나눠 넣으세요. 반죽이 질어 반죽시간이 오래 걸려요. 스크래핑하세요.
- 둥글리기가 잘못되면 표면이 거칠어지니 둥글리기는 빠르고 부드럽게 살살 하세요.
- 오뚝이 모양이 꼭 나와야 하니 몸통 반죽에 머리를 넣고 단단히 봉하세요.

01 반죽 → 1차 발효 → 분할 → 둥글리기

❶ 버터와 마가린을 제외한 전 재료를 넣고 저속(기어 1단)에서 믹싱을 시작한다.

❷ 중속(기어 2단)에서 2~3분 믹싱한 후 클린업 단계에서 버터와 마가린을 넣고 고속(기어 3단)에서 글루텐 100%, 반죽 온도 25~26℃로 만든다(부드럽고 매끄러우며 신장성이 최대인 단계 : 최종단계).

❸ 30℃, 75~80% 발효실에서 40~50분 발효한다(부피가 3배 될 때까지 한다).

❹ 40g×12개씩(1판) 분할하여 둥글리기한다(총 50개).

🥖 Baking Tip

• 버터와 마가린을 각각 나눠 넣으세요.

• 버터든 마가린이든 하나를 먼저 섞고 완전히 섞이면 나머지 하나를 넣으세요.

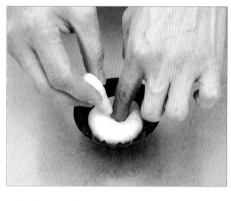

02 중간발효 → 성형

❶ 반죽이 마르지 않도록 비닐을 덮어 10분 발효한다(부피가 2배 정도 되도록 한다).

❷ 반죽의 1/4(8g)을 떼어내 둥글리기한 후 올챙이 모양을 만든다.

❸ 몸통을 둥글리기한 후 브리오슈팬에 놓고 중앙을 완전히 뚫어, 올챙이 모양의 꼬리 부분에 물을 묻힌 머리를 가운데 꽂아 넣고 돌려가며 완전히 봉한다. 구멍을 완전히 뚫어 꼬리를 넣고 함께 오므려주는 방식이 더 오뚝이 모양으로 안전하게 나온다.

🥖 Baking Tip

• 머리는 8g으로 분할하되 너무 크게 만들지 마세요. 잘못하면 오뚝이가 아니라 오리 모양이 돼요.

• 성형할 때 올챙이의 꼬리 부분이 완전히 몸통 반죽 안으로 들어가도록 한 후 손가락을 넣어 확실히 붙여야 해요.

• 구멍을 뚫어 올챙이 꼬리를 넣어 밖으로 빼 잡는 방법도 있어요(동영상 참고).

• 이스트 양이 많아 발효가 빠르니 성형을 빨리 하세요.

03　패닝 → 2차 발효 → 굽기

❶ 평철판에 성형된 반죽이 들어 있는 브리오슈팬을 12개로 패닝한 후 달걀물을 바른다.

❷ 온도 35~38℃, 습도 80%에서 20~30분 건조발효한다.

❸ 윗불 185℃, 아랫불 185℃에서 20분 정도 굽는다.

Baking Tip

• 특별히 브리오슈에 바르는 달걀물은 노른자에 소량의 물을 넣어 사용해요.

• 몸통색도 황금 갈색으로 구우세요.

04　제출하기

❶ 냉각팬에 흰 종이를 깔고 정성스럽게 디스플레이(Display)한 후 제출한다.

4시간 30분

난이도
★★★★★

My
Baking

데니시 페이스트리

Danish Pastry

✚ 배합표

재료명	비율(%)	무게(g)
강력분	80	720
박력분	20	180
물	45	405
이스트	5	45
소 금	2	18
설 탕	15	135
마가린	10	90
분 유	3	27
달 걀	15	135
계	195	1,755

※ 충전용 재료는 계량시간에서 제외

파이용 마가린	총 반죽의 30%	526.5(527)

제빵 준비물

✚ 요구사항

다음 요구사항대로 데니시 페이스트리를 제조하여 제출하시오.

❶ 배합표의 각 재료를 계량하여 재료별로 진열하시오(9분).

❷ 반죽은 스트레이트법으로 제조하시오.

❸ 반죽 온도는 20℃를 표준으로 하시오.

❹ 모양은 달팽이형, 초승달형, 바람개비형 등 감독위원이 선정한 2가지를 만드시오.

❺ 접기와 밀어펴기는 3겹 접기 3회로 하시오.

❻ 반죽은 전량을 사용하여 성형하시오.

- 반죽과 충전용 유지의 경도가 같아야 하므로 충전용 유지가 단단하면 유지를 밀대로 두드려 부드럽게 해 주세요.
- 반죽을 밀어펴기할 때 모서리가 직각이 되게 하세요.
- 2차 발효할 때 온도와 습도를 낮춰 20~30분 동안 하시고 여름에는 실온에서 하세요.

01 반죽하기 → 충전용 유지 싸기

❶ 전 재료를 넣고 저속(기어 1단)으로 믹싱하다가, 2단으로 2~3분 믹싱하여 글루텐이 거의 형성되지 않게 반죽한다 (반죽 온도 20℃).

❷ 반죽을 비닐에 싸 30분간 냉장 휴지한다.

❸ 충전용 유지를 으깨 비닐에 싸서 두드려 부드럽게 하고 23×23cm 정도로 만들어 둔다.

❹ 냉장 휴지된 반죽을 꺼내 34×34cm 정도로 밀어 충전용 유지를 대각선으로 놓고 싼다.

🍞 **Baking Tip**

• 반죽을 좀 질게 해요.

• 크로와상 재단은 두께 0.4cm로 해요. 자세한 내용은 오른쪽 그림을 참고해요.

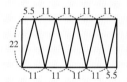

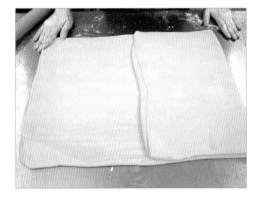

02 밀어접기

❶ 1회 밀어접기 : 덧가루를 충분히 깔고 충전용 유지가 들어 간 반죽을 밀대로 살살 눌러준 뒤 40×80cm 정도로 직각이 되도록 밀어 1/3씩 접어 3절 접기한다(두께 7~8mm 냉장 휴지 30분).

❷ 2회 밀어접기 : 휴지한 반죽을 40×80cm로 밀어 덧가루를 잘 털어낸 후 3절 접기한다(냉장 휴지 30분).

❸ 3회 밀어접기 : 휴지한 반죽을 40×80cm로 밀어 덧가루를 잘 털어낸 후 3절 접기한다(냉장 휴지 30분).

❹ 4회 밀어접기 : 휴지한 반죽을 40×80cm로 밀어 덧가루를 잘 털어낸 후 3절 접기한다(냉장 휴지 30분).

❺ 휴지한 반죽을 0.5cm 또는 0.7cm 두께로 민다.

03 성형하기

1. 바람개비형 : 가로×세로×두께가 10×10×0.5cm가 되게 재단한 후 모서리를 꼭짓점에서 중심 쪽으로 3/4 정도 자르고 꼭짓점 끝을 중심에 붙여 바람개비 모양을 만든다.
2. 달팽이형 : 가로×세로×두께가 1×30×0.5cm가 되게 막대 모양으로 재단한 후 양끝을 비틀어 꼬아 달팽이 모양을 만든다.
3. 초승달형(크로와상) : 밑변×높이×두께가 11×22×0.4cm의 이등변 삼각형으로 재단한 후 꼭짓점 부근을 잡아 들어주고 밑변에서 꼭짓점 부근으로 말아 감는다.

Baking Tip
- 성형 후 달걀물을 발라주면 더욱 예쁜 색을 낼 수 있어요.

04 패닝 → 2차 발효 → 굽기 → 제출

1. 각 모양별로 8~10개씩 패닝한다.
2. 온도 30℃, 습도 75%에서 20~30분 발효한다.
3. 윗불 190℃, 아랫불 180℃에서 약 20~30분 굽는다.
4. 냉각팬에 흰 종이를 깔고 정성스럽게 디스플레이(Display)한 후 제출한다.

Baking Tip
- 2차 발효실의 온도가 높으면 유지가 흘러나오니 조심하세요.
- 덜 구우면 주저앉으니 완전히 구우세요.

My
Baking

페이스트리 식빵

Pastry Bread

222

재료명	비율(%)	무게(g)
강력분	75	660
중력분	25	220
물	44	387(388)
이스트	6	53(54)
소 금	2	18
마가린	10	88
달 걀	15	132
설 탕	15	132
탈지분유	3	26
제빵개량제	1	9(8)
계	196	1,725(1,726)

※ 충전용 재료는 계량시간에서 제외

파이용 마가린	총 반죽의 30%	517.6(518)

반죽 준비물

충전물 준비물

✦ 요구사항

다음 요구사항대로 페이스트리 식빵을 제조하여 제출하시오.

❶ 배합표의 각 재료를 계량하여 재료별로 진열하시오 (10분).

❷ 반죽은 스트레이트법으로 제조하시오(단, 유지는 클린 업 단계에 첨가하시오).

❸ 반죽 온도는 20℃를 표준으로 하시오.

❹ 접기와 밀기는 3겹, 접기는 3회 하시오.

❺ 트위스트형(세 가닥 엮기)으로 성형하시오.

❻ 반죽은 전량을 사용하여 성형하고, 4개를 제조하여 제출하시오.

Chef's note

• 반죽과 충전용 유지의 경도가 같아야 하므로, 충전용 유지가 단단하면 유지를 밀대로 두드려 부드럽게 해 주세요.

• 반죽을 밀어펴기할 때 모서리가 직각이 되게 하세요.

• 2차 발효할 때 온도와 습도를 낮춰 건조발효시키고 여름에는 실온에서 하세요.

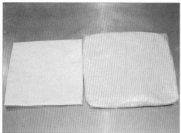

01 반죽하기 → 충전용 유지 싸기

❶ 마가린을 제외한 전 재료를 넣고, 저속(기어 1단)에서 2분 정도 믹싱한다.

❷ 중속(기어 2단)에서 3~4분 정도 믹싱한 후, 유지를 넣고 2분 정도 더 믹싱한다(반죽 온도 20℃).

❸ 반죽을 비닐에 싸서 30분 동안 냉장 휴지한다(30×30cm).

❹ 충전용 유지를 으깨 비닐에 싸서 먼저 두드려 부드럽게 하고, 25×25cm 정도로 만들어 둔다.

❺ 냉장 휴지된 반죽을 꺼내 적당히 누른 뒤 충전용 유지를 대각선으로 놓고 싼다.

02 밀어접기

❶ 1회 밀어접기 : 덧가루를 깔고 충전용 유지가 들어간 반죽을 손으로 살살 눌러준 뒤 밀대로 35~40×80cm 정도로 직각이 되도록 밀어 1/3씩 접어 3절 접기한다(두께 5mm 내외).

❷ 2회 밀어접기 : 다시 밀대로 35~40×80cm 정도로 직각이 되도록 밀어 1/3씩 접어 3절 접기한다.

❸ 30분 동안 냉장 휴지한다.

❹ 3회 밀어접기 : 밀대로 35~40×80cm 정도로 직각이 되도록 밀어 1/3씩 접어 3절 접기한다.

❺ 마지막 밀기 : 48×42cm 정도 밀어 직각이 되도록 한다.

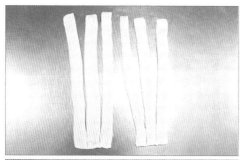
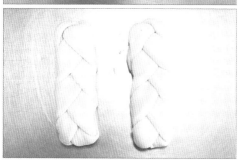

03 성형하기

❶ 반죽을 4등분한다.
❷ 한 개의 반죽을 맨 윗부분을 조금 남기고 3등분으로 절단한다.
❸ 결이 위로 보이도록 하여 4~5회로 세 가닥 엮기를 한다.
❹ 양끝을 접어 안으로 넣어준다(자투리 반죽도 안에 넣는다).

Baking Tip

• 위아래를 잘 붙여주세요.
• 자연스럽고 볼륨 있게 꼬아주세요.

04 패닝 → 2차 발효 → 굽기 → 제출하기

❶ 파운드틀 4개로 패닝한다.
❷ 온도 32℃, 습도 75%에서 40~50분 2차 발효한다(틀 아래 1cm).
❸ 윗불 180℃, 아랫불 160℃에서 30분 정도 굽고, 윗불을 10℃ 줄여 윗불 170℃, 아랫불 160℃에서 20분 정도 더 굽는다.
❹ 냉각팬에 흰 종이를 깔고 정성스럽게 디스플레이(Display)한 후 제출한다.

Baking Tip

• 2차 발효실 온도가 높으면 유지가 흘러나오니 조심하세요.
• 2차 발효를 과발효하면 구웠을 때 옆이 들어갈 수 있으니 주의하세요.
• 식빵틀을 사용할 경우, 바닥의 구멍으로 유지가 흐르는 문제점이 제기되어 파운드팬(틀)이 지급됩니다.

My
Baking

마카롱 쿠키

Macaron Cookie

✚ 배합표

재료명	비율(%)	무게(g)
아몬드 분말	100	200
분 당	180	360
달걀흰자	80	160
설 탕	20	40
바닐라향	1	2
계	381	762

제과 준비물

✚ 요구사항

다음 요구사항대로 마카롱 쿠키를 제조하여 제출하시오.

❶ 배합표의 각 재료를 계량하여 재료별로 진열하시오(5분).

❷ 반죽은 머랭을 만들어 수작업하시오.

❸ 반죽 온도는 22℃를 표준으로 하시오.

❹ 원형모양 깍지를 끼운 짤주머니를 사용하여 완제품의 직경이 4cm가 되도록 하시오.

❺ 반죽은 전량을 사용하여 성형하고, 팬 2개를 구워 제출하시오.

※ 수험자는 테프론시트 또는 실리콘페이퍼를 지참한 경우, 성형 작업에 사용할 수 있습니다.

- 반드시 테프론시트 또는 실리콘페이퍼를 사용하세요.
- 일정한 간격, 모양이 나도록 힘 조절을 잘하며 짜야 해요.
- 건조시킨 쿠키의 표면이 손에 묻어나지 않고 약간 꾸들꾸들해야 하며, 여름에는 굽고 제출하는 시간을 빼고 최대한 건조시키세요.

01 반죽하기

❶ 볼에 흰자를 넣고 60% 머랭을 올린 후 설탕을 넣고 80∼ 100% 머랭을 올린다.

❷ 체 친 가루(아몬드 분말 + 분당 + 바닐라향)를 넣고 혼합하되, 짰을 때 윤기가 나며 약간 흐르는 정도로 한다.

❸ 반죽 온도는 22℃로 한다.

🦪 Baking Tip

• 달걀흰자를 깰 때 노른자가 들어가지 않게 조심하세요.

• 볼에 기름기가 남아 있지 않도록 깨끗이 닦으세요.

• 가루는 3번 정도 체 치는 것이 좋아요.

02 성형하기

❶ 철판에 테프론시트 또는 실리콘페이퍼를 깔고 짤주머니에 원형깍지(1cm)를 끼우고 4cm 원형으로 크기와 간격을 일정하게 짠다(2판 분량).

🦪 Baking Tip

• 짜낸 후 조금 시간이 흐르면 반죽이 약간 흘러 표면이 매끄러워지고 짜낸 자국도 천천히 사라져요.

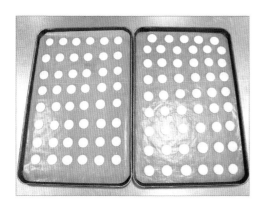

03 패닝 → 굽기

① 표면이 완전히 건조될 때까지 최대한 건조시켜 굽는다.
② 윗불 160~170℃, 아랫불 140℃에서 12~15분 굽고 윗불을 살짝 줄여 3~4분 정도 더 굽는다.
③ 어느 정도 식으면 깔끔하게 떼어낸다.

Baking Tip

• 여름에는 표면이 잘 마르지 않을 수 있어요. 부채질이라도 해서 최대한 건조시키세요.

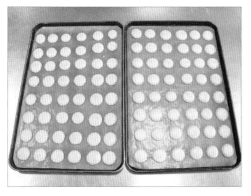

04 제출하기

① 쿠키의 밑바닥에 바퀴 모양의 띠(삐에)가 위로 형성되어야 한다.
② 냉각팬에 흰 종이를 깔고 정성스럽게 디스플레이(Display)한 후 제출한다.

Baking Tip

• 뗄 때 마카롱이 깨지지 않도록 주의하세요.

My
Baking

옐로 레이어 케이크

Yellow Layer Cake

재료명	비율(%)	무게(g)
박력분	100	600
설 탕	110	660
쇼트닝	50	300
달 걀	55	330
소 금	2	12
유화제	3	18
베이킹파우더	3	18
탈지분유	8	48
물	72	432
바닐라향	0.5	3
계	403.5	2,421

제과 준비물

✚ 요구사항

다음 요구사항대로 옐로 레이어 케이크를 제조하여 제출하시오.

❶ 배합표의 각 재료를 계량하여 재료별로 진열하시오(10분).

❷ 반죽은 크림법으로 제조하시오.

❸ 반죽 온도는 23℃를 표준으로 하시오.

❹ 반죽의 비중을 측정하시오.

❺ 제시한 팬에 알맞도록 분할하시오.

❻ 반죽은 전량을 사용하여 성형하시오.

• 달걀을 천천히 조금씩 넣어 분리되지 않도록 하며 부드럽고 매끄러운 크림을 만드세요.

• 스크래핑을 옆면과 바닥에 골고루 자주하고, 설탕을 완전히 녹이세요.

01 반죽하기

❶ 가루 재료를 미리 체 쳐 둔다(박력분 + B.P + 바닐라향 + 탈지분유).

❷ 쇼트닝을 넣고 부드럽게 푼 다음 소금 + 설탕 + 유화제를 섞은 후 두 번에 나눠 섞는다.

❸ 달걀을 1~2개씩 1~2분 간격으로 천천히 넣으며 분리되지 않도록 하고 2~3번 스크래핑한다.

❹ 반죽이 부드럽게 잘 완성되었다면 물을 천천히 중속으로 섞어 준다.

❺ 설탕이 녹았는지 확인한다.

Baking Tip

• 스크래핑이란 반죽이 골고루 잘 섞이도록 고무주걱으로 옆벽과 바닥을 긁어주는 거예요.

• 쇼트닝이 너무 딱딱하면 볼에 뜨거운 물을 받아 믹싱볼 밑바닥에 받쳐주어 쇼트닝이 부드럽게 풀어질 수 있도록 하세요(액체가 되면 안 돼요).

• 반죽이 분리(순두부처럼 되면)된 것 같으면 물은 밀가루 다음에 넣어 되기를 조절하세요.

02 반죽 완성하기 → 비중 재기

❶ 체 친 가루를 골고루 덩어리지지 않게 잘 섞는다(기계로 가능).

❷ 남은 물을 조금씩 넣어 반죽의 되기를 조절한다.

❸ 반죽 온도는 23℃가 되게 한다.

❹ 비중은 0.75~0.85가 되게 한다.

Baking Tip

• 비중 재기 $= \dfrac{\text{반죽무게}}{\text{물무게}}$

• 반죽의 되기는 약간 흐르는 듯한 상태가 좋아요.

03 패닝 → 굽기

1. 시작하기 전에 반죽을 미리 원형 3호틀에 종이를 깔아 둔다 (원형틀 3개 또는 4개).
2. 전량 패닝한다.
3. 고무주걱으로 윗면을 평평하게 고른다.
4. 윗불은 180℃, 아랫불은 150℃에서 40분 굽되 20분 후 윗불을 10~20℃ 정도 줄여 불 조절하며 황금 갈색으로 구워낸다.

🥖 Baking Tip

- 패닝이 많으면 윗면의 가운데 부분이 터지기 쉽고 굽는 시간이 오래 걸려요.
- 원형팬에 종이 깔기(p.20 참고)
  - 옆띠 : 8cm로 길게 잘라 2cm를 접어 사선으로 가위집을 넣어 먼저 팬에 둘러준다.
  - 바닥은 틀을 대고 그려 오려내 옆띠 위에 얹는다.
  - 옆띠가 틀 위로 2cm 올라오게 한다.
  - 거의 다 익었을 때쯤 손으로 살짝 눌러 탄력이 있거나, 가운데를 꼬치로 찔러 묻어나지 않으면 익은 것이다.

04 제출하기

1. 뜨거울 때 빼면 부서질 수 있으므로 다른 3호틀을 위에 올려 뒤집어 뺀다.
2. 냉각팬에 흰 종이를 깔고 정성스럽게 디스플레이(Display)한 후 제출한다.

🥖 Baking Tip

- 3호로 4개 패닝해도 좋아요. 이때는 30분 정도 구우세요.

My
Baking

데블스 푸드 케이크

Devil's Food Cake

✚ 배합표

재료명	비율(%)	무게(g)
박력분	100	600
설 탕	110	660
쇼트닝	50	300
달 걀	55	330
탈지분유	11.5	69
물	103.5	621
코코아	20	120
베이킹파우더	3	18
유화제	3	18
바닐라향	0.5	3
소 금	2	12
계	458.5	2,751

제과 준비물

✚ 요구사항

다음 요구사항대로 데블스 푸드 케이크를 제조하여 제출하시오.

❶ 배합표의 각 재료를 계량하여 재료별로 진열하시오(11분).

❷ 반죽은 블렌딩법으로 제조하시오.

❸ 반죽 온도는 23℃를 표준으로 하시오.

❹ 반죽의 비중을 측정하시오.

❺ 제시한 팬에 알맞도록 분할하시오.

❻ 반죽은 전량을 사용하여 성형하시오.

• 과제 중 유일하게 블렌딩법으로 반죽해요.

• 쇼트닝에 밀가루를 코팅하며 콩알 정도의 크기로 만드세요.

• 코코아 색으로 인해 익은 상태 확인이 어려워요. 시간과 온도를 잘 조절하세요.

01 반죽하기

❶ 쇼트닝을 살짝 풀어준 뒤 체 친 밀가루를 넣고 저속(기어 1단)
에서 믹싱하여 콩알만한 크기로 보슬보슬하게 만든다.

❷ 설탕 + 소금 + 유화제 + 체 친 가루(코코아 + B.P + 바닐라
향 + 분유)와 물 1/2을 넣고 저속(기어 1단)으로 믹싱한다.

❸ 고속(기어 3단)으로 달걀을 1개씩 1~2분 간격으로 넣으며
부드러운 크림을 만든다.

❹ 남은 물을 조금씩 저속으로 섞어 되기를 조절한다.

02 반죽 완성하기 → 비중 재기

❶ 반죽 온도는 23℃로 한다.

❷ 비중은 0.75~0.85로 한다.

🥖 **Baking Tip**

• 반죽의 되기는 약간 흘러내리는 정도가 좋아요.

03 패닝 → 굽기

① 반죽을 시작하기 전에 미리 원형 3호 틀에 종이를 깔아 둔다.
② 전량 패닝한다.
③ 고무주걱으로 윗면을 평평하게 고른다.
④ 윗불 180℃, 아랫불 150℃에서 40분 굽되, 20분 후 윗불을 10~20℃ 정도 줄여 불 조절하며 잘 익혀낸다.

Baking Tip
• 반죽색이 어두우므로 익은 상태와 완성색을 체크하기가 까다로워요.
• 시간을 확인하며 구우세요.

04 제출하기

① 가장 부드러운 반죽이므로 뺄 때 조심한다. 한 김 나간 후 다른 3호틀을 깔고 뒤집어 뺀다.
② 냉각팬에 흰 종이를 깔고 정성스럽게 디스플레이(Display)한 후 제출한다.

Baking Tip
• 3호로 4개 패닝해도 좋아요. 이때는 30분 정도 구우세요.

3시간

난이도

★★★★★

My
Baking

밤과자

Chestnut Bun

재료명	비율(%)	무게(g)
박력분	100	200
달 걀	45	90
설 탕	60	120
물 엿	6	12
연 유	6	12
베이킹파우더	2	4
버 터	5	10
소 금	1	2
계	225	450

※ 충전용 재료는 계량시간에서 제외

흰 앙금	525	1,050
참 깨	13	26

제과 준비물

✚ 요구사항

다음 요구사항대로 밤과자를 제조하여 제출하시오.

❶ 배합표의 각 재료를 계량하여 재료별로 진열하시오(8분).

❷ 반죽은 중탕하여 냉각시킨 후 반죽 온도는 20℃를 표준으로 하시오.

❸ 반죽 분할은 20g씩 하고, 앙금은 45g으로 충전하시오.

❹ 제품 성형은 밤 모양으로 하고 윗면은 달걀노른자와 캐러멜 색소를 이용하여 광택제를 칠하시오.

❺ 반죽은 전량을 사용하여 성형하시오.

• 달걀거품이 나지 않도록 반죽하세요.

• 반죽의 되기는 앙금과 같거나 아주 약간 질어요.

• 앙금을 가운데 잘 충전하여 껍질의 두께가 일정하도록 하세요.

01 반죽하기 → 휴지하기

❶ 가루 재료를 체 친다(박력분 + B.P).

❷ 볼에 달걀을 거품이 나지 않게 풀고 설탕, 소금, 물엿, 연유, 버터를 넣고 중탕으로 저어주며 설탕과 버터를 완전히 녹인 후 찬물에 받쳐 20℃로 냉각한다.

❸ 체 친 가루를 넣고 한 덩어리로 만들어(반죽 온도 20℃) 비닐에 싼 후 냉장고에서 20분 정도 휴지시킨다.

❹ 흰 앙금을 45g씩 분할하여 둥글게 만들어 놓고 광택제를 만들어 둔다(노른자 + 약간의 캐러멜) – 약 22~24개.

🥐 Baking Tip

• 광택제를 만들 때 노른자의 알끈을 먼저 체에 거른 후 캐러멜을 섞어 밤색으로 만드세요.

• 흰 앙금을 분할하기 전에 손으로 조금 치대어 부드러워지면 동글동글하게 만드세요.

02 반죽 완성하기 → 성형하기

❶ 휴지가 끝난 반죽에 덧가루를 충분히 넣고 되기를 조절하여 앙금의 되기와 거의 같게 한다.

❷ 반죽을 20g씩 분할한다(약 22~24개).

❸ 반죽을 손바닥으로 누른 후 한 손으로 반죽을 돌려가며 헤라를 이용하여 앙금을 중앙으로 잘 싸고 이음매를 잘 봉한다.

❹ 밤 모양으로 성형하고 아래 둥근 부분에 물을 찍어 깨를 묻힌 후 실리콘페이퍼를 깔아 둔 평철판에 패닝한다(1판).

🥐 Baking Tip

• 성형 시간이 너무 길면 시간 내에 제출하기 어려우니 서둘러야 해요.

• 1판의 모양이 일정하게 만드세요.

• 성형이 중요한 종목이므로 가능한 한 윗·옆면이 터지지 않게 헤라로 앙금을 잘 싸서 예쁘고 균일하게 만들어야 해요.

• 실리콘페이퍼를 깔고 패닝하면 편해요.

03 패닝 → 착색제 바르기 → 굽기

① 패닝이 끝나면 푸딩컵(비중컵) 바닥으로 윗면을 평평하게 눌러준 뒤 스프레이로 물을 뿌려 덧가루를 제거한다.
② 광택제를 예쁘게 바른다.
③ 윗불 190℃, 아랫불 150℃에서 30~35분 정도 굽는다.

🦐 Baking Tip
• 광택제를 예쁘게 바르세요.
• 굽는 시간이 부족하면 윗불 온도를 좀더 높여 구우세요.

04 제출하기

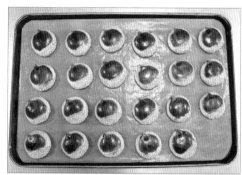

① 냉각팬에 흰 종이를 깔고 정성스럽게 디스플레이(Display)한 후 제출한다.

🦐 Baking Tip
• 옆색이 약간 갈색이 되어야 해요.
※ 밤 모양을 통밤 모양으로 하셔도 돼요.

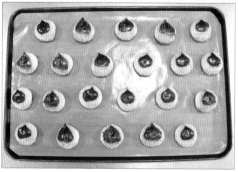

3시간 30분

난이도
★★★★☆

My
Baking

퍼프 페이스트리

Puff Pastry

재료명	비율(%)	무게(g)
강력분	100	800
달 걀	15	120
마가린	10	80
소 금	1	8
찬 물	50	400
충전용 마가린	90	720
계	266	2,128

제과 준비물

✚ 요구사항

다음 요구사항대로 퍼프 페이스트리를 제조하여 제출하시오.

❶ 배합표의 각 재료를 계량하여 재료별로 진열하시오(6분).

❷ 반죽은 스트레이법으로 제조하시오.

❸ 반죽 온도는 20℃를 표준으로 하시오.

❹ 접기와 밀어펴기는 3겹 접기 4회로 하시오.

❺ 정형은 감독위원의 지시에 따라 하고 평철판을 이용하여 굽기를 하시오.

❻ 반죽은 전량을 사용하여 성형하시오.

• 반죽과 충전용 유지의 경도가 같아야 하므로 충전용 유지가 단단하면 유지를 밀대로 두드려 부드럽게 해 주세요.

• 반죽을 밀어펴기할 땐 모서리가 직각이 되게 하세요.

• 냉장 휴지는 매회마다 30분씩 하세요.

01 반죽 → 충전용 유지 싸기

① 마가린을 제외한 전 재료를 저속으로 믹싱하다 마가린을 넣고 글루텐 80% 정도만 믹싱한다(반죽 온도 20℃).
② 반죽을 비닐에 싸 30분간 냉장 휴지한다.
③ 충전용 유지를 으깨 비닐에 싼 후 밀대로 두드려 부드럽게 하여 25×25cm 정도로 만들어 둔다.
④ 냉장 휴지된 반죽을 꺼내 36×36cm로 밀어 충전용 유지를 대각선으로 놓고 싼다.

Baking Tip

• 반죽할 때 마가린을 처음부터 넣고 믹싱해도 돼요.
• 밀어펴기는 빨리 하고 휴지는 충분히 하세요.
• 밀어펴기를 할 때 반죽이 찢어지지 않게 조심해서 미세요.
• 매회 덧가루는 잘 털어내세요.

02 접어밀기(3×3 ; 3절 3회 접어 밀기)

① 1회 접기 : 덧가루를 충분히 깔고 40×90cm 정도로 직각이 되도록 밀고 1/3씩 접어 3절 접기한다(냉장 휴지 30분).
② 2회 밀어접기 : 40×90cm으로 밀어 덧가루를 잘 털어낸 후 3절 접기한다(냉장 휴지 30분).
③ 3회 밀어접기 : 40×90cm으로 밀어 덧가루를 잘 털어낸 후 3절 접기한다(냉장 휴지 30분).
④ 4회 밀어접기 : 40×90cm으로 밀어 3절 접기한다(냉장 휴지 30분).
⑤ 밀기 : 두께를 7~8mm로 민다.

Baking Tip

• 밀어펼 때 반죽이 찢어지지 않게 조심해서 밀고 반죽을 수축시켜 가며 밀면 각을 잡기가 편해요.

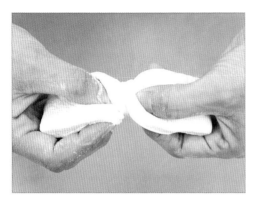

03 성형하기 → 패닝 → 굽기

① 4군데 가장자리를 잘라내고 가로×세로 = 12×4.5cm 직사각형으로 잘라낸다.

② 덧가루를 잘 털어내고 반죽의 중앙을 두 손으로 360° 비틀어 철판에 8~10개씩 패닝한다(두께 7~8mm).

③ 실온에서 30~40분 비닐을 씌워 휴지한다.

④ 윗불 200℃, 아랫불 190℃에서 20~30분 굽는다.

Baking Tip

• 색이 들기 전까지 오븐의 문을 열지 마세요.
• 달걀 물칠을 하면 색이 예쁘게 들어요.

04 굽기 → 제출하기

① 식은 후 조심스럽게 들어서 냉각팬에 종이를 깔고 정성스럽게 디스플레이(Display)한 후 제출한다.

1시간 50분

난이도
★★☆☆☆

My
Baking

멥쌀 스펀지 케이크

Rice Sponge Cake

✚ 배합표

재료명	비율(%)	무게(g)
멥쌀가루	100	500
설 탕	110	550
달 걀	160	800
소 금	0.8	4
바닐라향	0.4	2
베이킹파우더	0.4	2
계	371.6	1,858

제과 준비물

✚ 요구사항

다음 요구사항대로 멥쌀 스펀지 케이크를 제조하여 제출하시오.

❶ 배합표의 각 재료를 계량하여 재료별로 진열하시오(6분).

❷ 반죽은 공립법으로 제조하시오.

❸ 반죽 온도는 25℃를 표준으로 하시오.

❹ 반죽의 비중을 측정하시오.

❺ 제시한 팬에 알맞도록 분할하시오.

❻ 반죽은 전량을 사용하여 성형하시오.

- 멥쌀가루가 밀가루보다 더 고와 뭉칠 수 있으니 잘 섞으세요.
- 비중을 0.45~0.55로 맞춰주세요.
- 굽는 시간이 밀가루를 사용할 때보다 조금 길어요.

01 반죽하기

❶ 원형틀에 종이를 끼워 둔다.
❷ 가루 재료를 체 친다(멥쌀가루(박력쌀가루) + 바닐라향 + B.P).
❸ 볼에 달걀 알끈을 푼 뒤 설탕과 소금을 넣고 중탕하여 43~50℃로 맞춘다(더운 공립법).
❹ 반죽을 믹싱볼에 넣고 믹서를 고속(3단)으로 거품을 충분히 낸다(연한 미색을 보이며 거품기 자국이 약간 살아 있는 반죽이다).

⟫⟫⟫ Baking Tip
• 더운 공립법(버터 스펀지 공립법 참고)을 사용하면 색과 거품이 잘나요.

02 반죽 완성하기 → 비중 재기

❶ 반죽을 스텐볼에 옮겨 체 친 가루를 넣고 그릇을 돌리며 흔들어 섞는다.
❷ 반죽 온도는 25℃로 한다.
❸ 비중은 0.45~0.55로 한다.

⟫⟫⟫ Baking Tip
• 멥쌀가루가 고와 흔들면 충분히 섞어요.

03 패닝 → 굽기

① 3호 원형팬이면 420g씩 4개, 2호 원형팬이면 300g씩 5개 패닝한다(전량 패닝).
② 고무주걱으로 평평하게 정리하고 작업대에 살짝 떨어뜨려 반죽의 큰 기포를 제거한다.
③ 윗불 180℃, 아랫불 150℃에서 30∼40분 굽는다.

🥐 Baking Tip
- 패닝 후 살짝 한번 치고 오븐에 넣으세요.
- 굽는 시간이 길어질 수 있으니 황금갈색으로 색을 봐 가며 시간을 조절해 주세요.

04 제출하기

① 종이를 두 손으로 잡고 들어 올려 뺀다.
② 냉각팬에 흰 종이를 깔고 정성스럽게 디스플레이(Display)한 후 제출한다.

🥐 Baking Tip
- 오븐에서 꺼내 살짝 한번 내리친 후 틀에서 빨리 꺼내면 수축도 막을 수 있어요.

My
Baking

찹쌀도넛

Glutinous Rice Doughnuts

✚ 배합표

재료명	비율(%)	무게(g)
찹쌀가루	85	510
중력분	15	90
설 탕	15	90
소 금	1	6
베이킹파우더	2	12
베이킹소다	0.5	2
쇼트닝	6	36
물	22~26	132~156
계	146.5~150.5	878~902

※ 충전용 재료는 계량시간에서 제외

통팥앙금	73.3	440
설 탕	13.3	80

제과 준비물

충전물 준비물

✚ 요구사항

다음 요구사항대로 찹쌀도넛을 제조하여 제출하시오.

❶ 배합표의 각 재료를 계량하여 재료별로 진열하시오(8분).

❷ 반죽은 1단계법, 익반죽으로 제조하시오.

❸ 반죽 1개의 분할 무게는 40g, 팥앙금 무게는 20g으로 제조하시오.

❹ 반죽은 전량을 사용하여 성형하시오.

❺ 기름에 튀겨낸 뒤 설탕을 묻히시오.

• 시간이 부족하므로 빠르게 작업하세요.

• 되기가 너무 질면 튀겨낸 후 주저앉고, 되면 성형도 어렵고 딱딱해지므로 조절이 중요해요.

• 튀길 때 잘 안 익는 경우가 많으니 시간을 재며 튀기면 좋아요.

• 찹쌀가루의 규격이 "습식 찹쌀가루"로 수정되었습니다.

01 반죽하기

❶ 습식 찹쌀가루, 중력분, 베이킹파우더, 베이킹소다를 함께 체 치고 설탕, 소금, 쇼트닝을 넣고 비벼 섞는다.

❷ 손으로 반죽할 경우는 뜨거운 물을 나눠 놓고 섞어가며 약 8~10분 정도 익반죽한다(반죽 상태는 거칠지 않고 부드럽지만 약간 탄력이 있는 정도). 비터(Beater)를 사용할 때는 약 4~5분 반죽한다.

🍰 Baking Tip

- 계량할 때는 찬물로 계량하고(시간 내에 완료해야 하므로) 계량 검사가 끝난 후 반죽을 시작하기 전에 먼저 물을 끓여주세요.
- 끓었던 물을 다시 계량 후 반죽에 넣으세요(80~90℃ 정도의 물).
- 거칠지 않고 부드러우며 손에 들러붙지 않고 약간 탄력이 있는 상태라면 반죽 완성이에요.
- 반죽 완료 후 비닐로 덮어 실온에서 잠깐이라도(시간이 워낙 촉박하므로 5~10분 정도) 휴지 후 분할하세요.

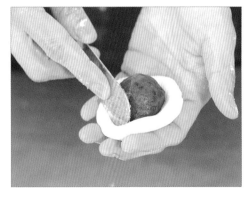

02 분할 → 성형

❶ 앙금을 20g으로 분할하여 동그랗게 빚고 찹쌀 반죽도 40g으로 분할하여 동그랗게 둥글리기한다(약 22개).

❷ 반죽을 납작하게 누르고 왼손에 올린 뒤, 앙금을 올리고 헤라를 이용하여 앙금을 잘 감싸고 반죽 끝을 잘 봉한다.

🍰 Baking Tip

- 반죽 끝을 잘 봉해야 튀길 때 터지지 않아요.

03 튀기기

❶ 기름 온도 180℃에서 하나씩 넣고 서로 붙지 않게 살살 굴려가면서 색이 황금갈색으로 고르게 나도록 튀긴다(8~10분).

🍞 Baking Tip

- 찹쌀도넛을 기름에 넣으면 일단 가라앉다가 떠올라요. 이때 밑면이 타기 쉬우므로 불을 끄고 반죽을 투입하여 떠오르면 다시 불을 켜 기름 온도를 조절해 튀겨요.
- 180℃가 되었을 때 불을 끄고, 살짝 갈색이 되면 다시 켜고 튀김망이나 젓가락으로 살짝 눌러서 돌려가며 튀겨요.

04 제출하기

❶ 한 김 나가면 설탕을 묻혀 제출한다.

My
Baking

사과파이

Apple Pie

+ 껍 질

재료명	비율(%)	무게(g)
중력분	100	400
설 탕	3	12
소 금	1.5	6
쇼트닝	55	220
탈지분유	2	8
물	35	140
계	196.5	786

+ 충전물

재료명	비율(%)	무게(g)
사 과	100	700
설 탕	18	126
소 금	0.5	3.5(4)
계피가루	1	7(8)
옥수수전분	8	56
물	50	350
버 터	2	14
계	179.5	1,256.5 (1,258)

※ 충전용 재료는 계량시간에서 제외

껍질 준비물

충전물 준비물

+ 요구사항

다음 요구사항대로 사과파이를 제조하여 제출하시오.

❶ 껍질 재료를 계량하여 재료별로 진열하시오(6분).

❷ 껍질에 결이 있는 제품으로 제조하시오.

❸ 충전물은 개인별로 각자 제조하시오.

❹ 제시한 팬(지름 약 12~15cm)에 맞추어 총 4개를 만들고, 격자무늬(2개)와 뚜껑을 덮는 형태(2개)로 만드시오.

❺ 반죽은 전량을 사용하여 성형하시오.

❻ 충전물의 양은 팬의 크기에 따라 조정하여 사용하시오.

Chef's note

• 바닥과 껍질을 붙일 때 물을 칠하여 확실히 붙이세요.

• 충전물의 농도가 너무 질지 않도록 하세요.

• 시험시간이 부족할 수 있으니 모든 공정을 서두르세요.

01 반죽하기

① 파이껍질용 가루 재료를 체 친다(중력분 + 탈지분유).

② 찬물에 설탕과 소금을 녹인다.

③ 체 친 가루에 쇼트닝을 넣고 스크레이퍼를 이용하여 쇼트닝 입자가 콩알 정도 되게 다지듯이 자른다.

④ ③의 가운데를 파고 ②의 물을 부어 한 덩어리로 만든다.

⑤ 비닐에 싸 냉장고에서 20분 휴지한다.

◀◀◀ Baking Tip

• 불 위에 충전용 소스를 만들 때 농도는 되직해지면서 반투명해지고, 큰 기포가 올라와 툭툭 터지는 상태예요.

• 거품기로 저으면서 만드세요.

02 충전물 만들기

① 껍질 벗긴 사과의 씨를 제거하고 알맞은 크기(약 2×2cm 정도)로 얇게 썬다.

② 볼에 설탕, 소금, 계피가루, 옥수수 전분, 물을 넣고 저으면서 되직해질 때까지 끓인다(호화).

③ 불에서 내려 버터를 넣고 녹으면 사과를 넣고 버무린다.

03   분할 및 성형하기

① 휴지된 파이 반죽을 적당한 분량으로 잘라 0.2~0.3cm 두께로 밀어 파이팬에 깔고 바닥을 눌러준 후 스크레이퍼로 가장자리를 잘라낸다.

② 파이 바닥에 포크로 구멍을 낸 후 충전물을 약간 넉넉하게 담는다.

③ 격자형 : 0.2cm로 민 뚜껑용 반죽을 약 1cm로 자른 후 격자모양으로 엮어 붙이고 노른자를 칠한다.

④ 덮개형 : 남은 반죽을 0.2cm로 밀어 바닥용 반죽 가장자리에 물을 칠한 후 뚜껑용 반죽을 덮고 스크레이퍼로 잘라낸 후 포크로 눌러 붙인다. 노른자를 칠하고 포크로 무늬를 낸 후 가운데 가위집을 준다.

🥖 Baking Tip

- 격자형으로 성형할 때는 성형시간이 너무 오래 걸리니 서두르세요.
- 노른자를 넉넉하게 바르세요.
- 지름 12~15cm(호두파이틀 기준) 팬을 사용하여 약 4~5개로 성형하세요.

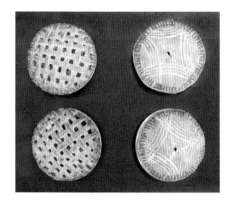

04   굽기 → 제출

① 윗불 200℃, 아랫불 220℃에서 40분 정도 굽는다.

② 식은 후 깨지지 않게 조심스럽게 들어서 뺀 후 냉각팬에 종이를 깔고 정성스럽게 디스플레이(Display)한 후 제출한다(너무 일찍 틀에서 빼면 부서질 수 있으니 주의한다).

🥖 Baking Tip

- 위아래 반죽은 물로 튼튼하게 붙여야 충전물이 넘치지 않아요.
- 노른자를 바를 때는 알끈을 제거한 후 사용하세요.
- 충전물이 흘러나오면 안 되니 윗뚜껑을 잘 붙이세요.
- 30여 분 후 윗불을 10℃ 정도 내려 조절하며 구우세요.

제과제빵 재료 및 기구를 쉽게 구할 수 있는 곳

방산시장

베이킹 관련 쇼핑몰들이 밀집해 있어, 구경삼아 놀러가도 시간가는 줄 몰라요. 요즘은 온라인으로 구매하는 사람들이 늘고 있어 대부분의 방산시장 매장들이 온라인 쇼핑몰도 함께 운영하고 있어요.

위치는 2호선 을지로 4가역 6번 출구로 나와 조금 직진하면 방산시장 간판이 보여요.

(1) 의신상회 02-2265-1398
www.bakingmarket.co.kr

(2) 영구공업사 02-2273-0360
www.09baking.com

(3) 대우d&b 02-2267-2843
www.bakingmall.com

(4) 카우식품 02-2273-4533
www.cow2004.com

2호선 5호선 : 을지로 4가 4,5,6번 출구
104,105,149,152,163
202,261,407,500,2014

을지로 4가역 상세보기
~ 역정보, 내부시설, 주변지역및 교통, 열차시각 ~

On-line 쇼핑몰

(1) 베이킹스쿨 www.bakingschool.co.kr

(2) 비앤씨마켓 www.bncmarket.com

(3) 이홈베이커리 www.ehomebakery.com

(4) 유어디시 www.urdish.com

(5) 케이크 플라자 www.cakeplaza.co.kr

(6) 베이커리 존 www.bakeryzone.co.kr

(7) 얌 www.yum.co.kr

베이킹 포장 재료

(1) 경일포장 www.kyungilpack.co.kr

(2) 새로피엔엘 www.saeropnl.com

(3) 팩키니즈 www.packineeds.com

(4) 엑트 www.act21c.com

(5) 서흥 E&pack www.sh-eshop.co.kr

(6) 아이푸드넷 www.ifoodnet.co.kr

제과제빵기능사

핵심노트

시험장에서 마지막에 보자!
들고 다니면서 언제든지 보자!

※ 시험장에서는 시간관계상 1·2차 발효실의 온도를 높이는데 이러한 이유로 발효시간을 짧게 기재했습니다(자세한 내용은 동영상 참고).

절취선을 따라 재단하면
간단하고 편리한 핵심노트가 만들어집니다.

• 식빵 •

❶ 믹싱 : 120%
❷ 반죽 온도 : 30℃
❸ 1차 발효 : 20～25분 정도
❹ 분할 : 170g×3개(1개 분량)
❺ 중간발효 : 10분 정도
❻ 성형 : 삼봉형
❼ 2차 발효 : 틀 높이
❽ 굽기 : 윗불 170℃, 아랫불 190℃에서 30분 정도 굽기(불 조절)

• 우유 식빵 •

❶ 믹싱 : 100%
❷ 반죽 온도 : 27℃
❸ 1차 발효 : 80분 정도
❹ 분할 : 180g×3개(1개 분량)
❺ 중간발효 : 10분 정도
❻ 성형 : 삼봉형
❼ 2차 발효 : 틀 높이
❽ 굽기 : 윗불 170℃, 아랫불 190℃에서 30분 정도 굽기(불 조절)

• 옥수수 식빵 •

❶ 믹싱 : 90%
❷ 반죽 온도 : 27℃
❸ 1차 발효 : 70분 정도
❹ 분할 : 180g×3개(1개 분량)
❺ 중간발효 : 10분 정도
❻ 성형 : 삼봉형
❼ 2차 발효 : 틀 높이
❽ 굽기 : 윗불 170℃, 아랫불 190℃에서 30분 정도 굽기(불 조절)

• 호밀빵 •

❶ 믹싱 : 80%
❷ 반죽 온도 : 25℃
❸ 1차 발효 : 70분 정도
❹ 분할 : 330g×3개(총 6개, 철판 2개)
❺ 중간발효 : 10분 정도
❻ 성형 : 럭비공 모양
❼ 2차 발효 : 30～40분 정도
❽ 굽기 : 분무기로 물을 뿌리고 윗불 220℃, 아랫불 200℃에서
10분 구운 후 윗불을 200℃로 줄여 10분 정도 더 굽기

· 풀만 식빵 ·

❶ 믹싱 : 100%
❷ 반죽 온도 : 27℃
❸ 1차 발효 : 70분 정도
❹ 분할 : 250g×2개(1개 분량)
❺ 중간발효 : 10~20분 정도
❻ 성형 : 2봉 사각형
❼ 2차 발효 : 틀 아래 0.5cm에서 뚜껑 덮기(간신히 덮일 정도)
❽ 굽기 : 윗불 180℃, 아랫불 180℃에서 40분 정도 굽기

· 버터톱 식빵 ·

❶ 믹싱 : 100%
❷ 반죽 온도 : 27℃
❸ 1차 발효 : 50분 정도
❹ 분할 : 460g(총 5개)
❺ 중간발효 : 10~20분 정도
❻ 성형 : 한 덩이(One Loaf)
❼ 2차 발효 : 틀 아래 1.5~2cm, 반죽 윗면 가운데에 4~5mm 깊이로 칼집 넣기
❽ 굽기 : 윗불 170℃, 아랫불 190℃에서 30분 정도 굽기

· 밤식빵 ·

❶ 믹싱 : 100%　　❷ 반죽 온도 : 27℃
❸ 1차 발효 : 50분 정도　　❹ 분할 : 450g
❺ 중간발효 : 10~20분 정도　　❻ 성형 : 한 덩이(One Loaf)
❼ 2차 발효 : 틀 아래 1cm까지. 토핑을 4~5줄 짜고 아몬드 슬라이스 뿌리기
❽ 굽기 : 윗불 180℃, 아랫불 180℃에서 30분 정도 굽기

〈토핑 만들기〉 크림법

❶ 마가린 풀기, ❷ 설탕 두 번에 나눠 넣고 크림화, ❸ 달걀 넣고 크림화, ❹ 체 친 중력분+B.P 섞기, ❺ 짤주머니에 납작깍지 끼워 담아 놓기

· 쌀식빵 ·

❶ 믹싱 : 짧게(8분 내외)
❷ 반죽 온도 : 27℃
❸ 1차 발효 : 30분 정도
❹ 분할 : 198g×3개
❺ 중간발효 : 10분 정도
❻ 성형 : 삼봉형
❼ 2차 발효 : 틀 높이
❽ 굽기 : 윗불 170℃, 아랫불 190℃에서 30분 정도(불 조절)

· 단팥빵 ·

❶ 믹싱 : 120%

❷ 반죽 온도 : 30℃

❸ 1차 발효 : 30분 정도(앙금을 미리 40g씩 동그랗게 만들어 둠)

❹ 분할 : 반죽 50g+앙금 40g(총 36개)

❺ 중간발효 : 10분 정도

❻ 성형 : 구멍 뚫기

❼ 2차 발효 : 30분 정도(윗면이 살짝 흔들리는 상태)

❽ 굽기 : 윗불 190℃, 아랫불 150℃에서 12~15분 정도 굽기

· 단과자빵(소보로빵) ·

❶ 믹싱 : 100%   ❷ 반죽 온도 : 27℃

❸ 1차 발효 : 60분 정도   ❹ 분할 : 50g(총 36개)

❺ 중간발효 : 10분 정도   ❻ 성형 : 소보로 토핑 붙이기

❼ 2차 발효 : 20~25분 정도(윗면이 살짝 흔들리는 상태)

❽ 굽기 : 윗불 190℃, 아랫불 150℃에서 15분 정도 굽기

〈토핑 만들기〉크림법

❶ 마가린+땅콩버터 풀기, ❷ 설탕+물엿 섞기, ❸ 달걀+소금 섞기,

❹ 체 친 가루(중력분+B,P+분유) 넣고 보슬보슬하게 섞기

· 단과자빵(크림빵) ·

❶ 믹싱 : 100%

❷ 반죽 온도 : 27℃

❸ 1차 발효 : 60분 정도

❹ 분할 : 45g(총 32개)

❺ 중간발효 : 10~20분 정도

❻ 성형

　• 충전형 : 크림 넣고 칼집 5개 넣기 → 달걀물

　• 비충전형 : 윗면에 식용유 반만 바르고 아랫면으로 덮기(칼집×)

　　→ 달걀물

❼ 2차 발효 : 30분 정도

❽ 굽기 : 윗불 190℃, 아랫불 150℃에서 12~15분 정도 굽기

· 단과자빵(트위스트형) ·

❶ 믹싱 : 100%

❷ 반죽 온도 : 27℃

❸ 1차 발효 : 70분 정도

❹ 분할 : 50g(총 35개)

❺ 중간발효 : 10~20분 정도

❻ 성형 : 8자 꼬기(약 28cm), 달팽이 꼬기(40~45cm)

❼ 2차 발효 : 40분 정도

❽ 굽기 : 윗불 190℃, 아랫불 150℃에서 12~15분 정도 굽기

• 스위트롤 •

❶ 믹싱 : 100%
❷ 반죽 온도 : 27℃
❸ 1차 발효 : 60분 정도
❹ 분할 : 약 926g×2개
❺ 성형 : 가로세로 30×54cm 사각형으로 밀고, 물(분무기)과 설탕 뿌리기(야자잎, 트리플리프)
❻ 2차 발효 : 15~20분 정도
❼ 굽기 : 윗불 190℃, 아랫불 150℃에서 12~15분 정도 굽기

• 버터롤 •

❶ 믹싱 : 100%
❷ 반죽 온도 : 27℃
❸ 1차 발효 : 60분 정도
❹ 분할 : 50g
❺ 중간발효 : 10~20분 정도
❻ 성형 : 올챙이 모양을 만들어 번데기처럼 말기 → 달걀물
❼ 2차 발효 : 40분 정도
❽ 굽기 : 윗불 190℃, 아랫불 150℃에서 15분 정도 굽기

• 모카빵 •

❶ 믹싱 : 100%   ❷ 반죽 온도 : 27℃
❸ 1차 발효 : 60분 정도
❹ 분할 : 반죽 250g×3개(총 9~10개), 비스킷 100g
❺ 중간발효 : 10~15분 정도
❻ 성형 : 럭비공 모양으로 성형한 반죽에 비스킷을 씌워 덮기
❼ 2차 발효 : 30~35분 정도
❽ 굽기 : 윗불 190℃, 아랫불 160℃에서 20~25분 정도 굽기
〈토핑 만들기〉 크림법
❶ 버터 풀기, ❷ 설탕+소금 넣기, ❸ 달걀 넣기
❹ 체 친 박력분+B.P 섞기, ❺ 우유 넣기, ❻ 냉장 휴지(반죽 분할 할 때까지)

• 빵도넛 •

❶ 믹싱 : 90%
❷ 반죽 온도 : 27℃
❸ 1차 발효 : 50분 정도
❹ 분할 : 46g
❺ 중간발효 : 10분 정도
❻ 성형 : 8자형(25cm), 꽈배기형(28cm)
❼ 2차 발효 : 20분 정도(건조발효)
❽ 튀기기 : 180℃ 1분~1분 30초 정도(한 번만 뒤집음)

· 그리시니 ·

❶ 믹싱 : 80%
❷ 반죽 온도 : 27℃
❸ 1차 발효 : 20분 정도
❹ 분할 : 30g×21개(총 42~43개)
❺ 중간발효 : 5~10분 정도
❻ 성형 : 35~40cm, 막대 모양
❼ 2차 발효 : 10~12분
❽ 굽기 : 윗불 200℃, 아랫불 180℃에서 20~30분 정도 굽기

· 베이글 ·

❶ 믹싱 : 100%
❷ 반죽 온도 : 27℃
❸ 1차 발효 : 50~60분 정도
❹ 분할 : 80g×8개(총 17개)
❺ 성형 : 반죽을 납작하게 늘려 돌돌 말고, 한쪽 끝을 눌러 얇게
   밀고 물칠 후 다른 한쪽 끝과 연결하기
❻ 2차 발효 : 15~20분 정도(건조발효)
❼ 데치기 : 끓는 물에 20초씩 앞뒤로 데친 후 다시 패닝하기
❽ 굽기 : 윗불 220℃, 아랫불 180℃에서 20분 정도 굽기

· 소시지빵 ·

❶ 믹싱 : 100%   ❷ 반죽 온도 : 27℃
❸ 1차 발효 : 30~40분 정도   ❹ 분할 : 70g×6개(약 18개)
❺ 성형하기
   • 낙엽 모양 : 가위로 소시지를 감싼 반죽을 8~9번 썰고 서로
     엇갈려 꼬기 → 달걀물
   • 꽃잎 모양 : 가위로 소시지를 감싼 반죽을 동그랗게 8등분하
     고, 꽃잎 모양 만들기 → 달걀물
❻ 2차 발효 : 20~30분 정도
❼ 토핑 올리기 : 2차 발효된 반죽 위에 썰어 놓은 양파를 올리고
   케첩, 마요네즈 순서로 짜고 피자치즈 올리기
❽ 굽기 : 윗불 210℃, 아랫불 170℃에서 20~25분 정도 굽기

· 통밀빵 ·

❶ 믹싱 : 100%
❷ 반죽 온도 : 25℃
❸ 1차 발효 : 70분 정도
❹ 분할 : 200g×9개
❺ 중간발효 : 10분 정도
❻ 성형 : 밀대 모양으로 성형하고 물을 발라 오트밀 묻히기
❼ 2차 발효 : 30분 정도
❽ 굽기 : 윗불 200℃, 아랫불 170℃에서 15~16분 정도 굽기

• 버터쿠키(크림법, 수작업) •

❶ 버터 부드럽게 풀기
❷ 설탕+소금 섞어 ❶에 넣고 크림화하기
❸ 달걀 1개씩 섞기
❹ 체 친 박력분+바닐라향 섞기
❺ 반죽 온도 : 22℃
❻ 성형 : 8자형, 장미 모양 짜기(가로 8개, 엇갈리게 4~5줄 패닝)
❼ 굽기 : 윗불 190℃, 아랫불 140℃에서 15분 정도 굽기

• 쇼트브레드 쿠키(크림법) •

❶ 마가린+쇼트닝 부드럽게 풀기
❷ 설탕, 물엿, 소금 넣고 크림화하다 노른자 섞기
❸ 달걀 하나씩 나눠 섞기
❹ 체 친 가루(박력분+바닐라향) 섞기
❺ 비닐에 싼 후 냉장 휴지
❻ 반죽 온도 : 20℃
❼ 성형 : 두께 0.7~0.8cm로 밀어 정형기로 찍은 후 노른자칠 → 포크로 모양내기
❽ 굽기 : 윗불 180℃, 아랫불 150℃에서 20분 정도 굽기

• 파운드 케이크(크림법) •

❶ 버터 부드럽게 풀기
❷ 소금+설탕+유화제 3번에 나눠 섞기
❸ 달걀 1~2개씩 천천히 넣으며 부드럽고 매끄러운 크림 만들기
❹ 물 넣기
❺ 체 친 가루(박력분+B.P+탈지분유+바닐라향) 섞기
❻ 반죽 온도 : 23℃
❼ 비중 : 0.75~0.85
❽ 패닝 : 70%(4개 분량)
❾ 굽기 : 윗불 220℃, 아랫불 180℃에서 13~15분 굽고 윗불 180℃, 아랫불 180℃에서 30~40분 정도 굽기

• 과일 케이크(크림법, 별립법) •

❶ 계량검사 후 달걀을 흰자, 노른자로 분리
❷ 설탕을 40%(크림)와 60%(머랭)로 분리
❸ 체리를 잘라 짜고 오렌지 필, 건포도와 섞기(전처리)
❹ 마가린을 풀고 설탕, 소금을 두 번에 나눠 섞은 후 노른자 넣기
❺ 흰자 거품에 설탕을 넣고 90% 머랭 만들기
❻ ❹에 밀가루와 충전물, 호두 섞기
❼ 머랭 1/3+체 친 가루(박력분+B.P+바닐라향)+우유+럼주를 섞고 나머지 머랭 섞기
❽ 반죽 온도 : 23℃
❾ 패닝 : 80%(4개 분량)
❿ 굽기 : 윗불 180℃, 아랫불 170℃에서 40분 이상 굽기

· 마데라(컵) 케이크(크림법) ·

① 버터 부드럽게 풀기
② 설탕+소금 두 번에 나눠 넣기
③ 달걀 상태를 보며 분리되지 않게 크림 만들기
④ 체 친 가루(박력분+B.P) 넣기
⑤ 호두+건포도를 밀가루에 섞고 남은 포도주 넣기
⑥ 반죽 온도 : 24℃
⑦ 패닝 : 80%
⑧ 적포도주 퐁당 만들기(적포도주 20g+슈가파우더 80g)
⑨ 굽기 : 윗불 180℃, 아랫불 170℃에서 25~30분 정도 굽고 퐁당 발라 7~8분 정도 더 굽기

· 버터 스펀지 케이크(공립법) ·

① 팬 종이 깔기
② 달걀 알끈 풀고 설탕+소금 넣고 43~50℃에서 중탕하기
③ 버터 중탕(60℃)하기
④ 믹싱볼에 넣고 연한 미색으로 거품기 자국이 선명하도록 충분히 거품내기
⑤ ④에 체 친 가루(박력분+바닐라향)를 넣고 거품이 죽지 않게 빠르게 섞기
⑥ ⑤의 반죽 일부를 중탕한 버터와 섞고 다시 ⑤에 섞어 반죽 완성
⑦ 반죽 온도 : 25℃
⑧ 비중 : 0.45~0.55(3호틀 4개)
⑨ 굽기 : 윗불 180℃, 아랫불 150℃에서 30분 이상 굽기

· 버터 스펀지 케이크(별립법) ·

① 팬 종이 깔기
② 버터 중탕(60℃)하기
③ 노른자 알끈 풀고 설탕+소금을 두 번에 나눠 넣어 설탕을 녹여 연한 미색이 나오도록 믹싱
④ 믹싱볼에 흰자를 넣고 60% 거품낸 후 설탕 넣고 90~100% 머랭 올리기
⑤ ③에 머랭 1/2 → 체 친 가루(박력분+B.P+바닐라향) 넣고 섞기 → 반죽 일부와 버터 섞은 것 넣기 → 나머지 머랭 넣고 반죽 완성
⑥ 반죽 온도 : 23℃
⑦ 비중 : 0.45~0.55(3호틀 4개)
⑧ 굽기 : 윗불 180℃, 아랫불 150℃에서 30분 정도 굽기

· 소프트 롤 케이크(별립법) ·

① 팬 종이 깔기　　　　② 달걀노른자, 흰자 분리하기
③ 노른자 알끈 풀고 설탕+소금을 두 번에 나눠 넣고 물엿을 넣은 후 연한 미색이 나오면 물 넣어 설탕 녹이기
④ 믹싱볼에 흰자 넣고 60% 거품낸 후 설탕 넣어 90% 머랭 완성
⑤ ③에 머랭 1/2 섞고 체 친 가루(박력분+B.P+바닐라향) 넣고 반죽 일부와 식용유 섞기 → 나머지 머랭 넣기
⑥ 반죽 온도 : 22℃　　　⑦ 비중 : 0.45~0.50
⑧ 패닝 : 소량 남기고 팬에 넣어 평평하게 하고, 남긴 반죽에 캐러멜 넣어 섞은 후 짤주머니에 담아 반죽 위에 무늬 내기
⑨ 굽기 : 윗불 180℃, 아랫불 150℃에서 20~25분 정도 굽기
⑩ 젖은 면보 깔고 말기(거의 다 식었을 경우)

· 젤리 롤 케이크(공립법) ·

❶ 팬 종이 깔기
❷ 달걀 알끈 풀고 설탕+소금+물엿 넣고 43~50℃에서 중탕하기
❸ 믹싱볼에 넣고 연한 미색으로 거품기 자국이 선명하도록 충분히 거품내기
❹ ❸에 체 친 가루(박력분+B.P+바닐라향)를 넣고 거품이 죽지 않게 빠르게 섞고 우유 넣기
❺ 반죽 온도 : 23℃   ❻ 비중 : 0.45~0.50
❼ 패닝 : 소량 남기고 팬에 넣어 평평하게 하고, 남긴 반죽에 캐러멜 넣어 섞은 후 짤주머니에 담아 반죽 위에 무늬 내기
❽ 굽기 : 윗불 180℃, 아랫불 150℃에서 20분 정도 굽기
❾ 젖은 면보 깔고 말기(구워내자마자)

· 치즈 케이크 ·

❶ 달걀노른자, 흰자 분리하기
❷ 치즈 부드럽게 풀고 버터를 섞은 뒤 설탕, 노른자 넣어 크림 만들기
❸ ❷에 우유, 럼주, 레몬주스 넣고 섞기
❹ 90% 머랭 1/2 섞고 체 친 가루, 나머지 머랭 1/2 넣어 반죽 완성
❺ 반죽 온도 : 20℃
❻ 비중 : 0.6~0.7
❼ 패닝 : 동량으로 패닝 후 따뜻한 물을 부어 중탕하기
❽ 굽기 : 윗불 150℃, 아랫불 150℃에서 40분 정도 굽고 윗불을 180℃로 올려 10~15분 정도 더 굽기

· 시퐁 케이크(시퐁법) ·

❶ 노른자 알끈 풀고 식용유 → 설탕, 소금 → 물 넣어 설탕 녹이기
❷ 체 친 가루(박력분+B.P) 섞기
❸ 믹싱볼에 흰자 넣고 60% 거품낸 후 설탕 넣어 90% 머랭 올리기
❹ ❷에 머랭을 2~3번에 나눠 섞기
❺ 시퐁팬에 스프레이로 물을 뿌려 엎어 놓기
❻ 반죽 온도 : 23℃
❼ 비중 : 0.4~0.5(4개 분량)
❽ 패닝 : 짤주머니에 반죽을 담아 시퐁틀에 전량 패닝(틀 아래 3~4cm)
❾ 굽기 : 윗불 180℃, 아랫불 170℃에서 30~40분 정도 굽기
❿ 젖은 행주 씌워 식힌 후 틀에서 빼 제출하기

· 마드레느(1단계법, 수작업) ·

❶ 버터 중탕(40℃)하기
❷ 레몬껍질 노란 부분만 다지기
❸ 체 친 가루(박력분+B.P)+설탕+소금 거품기로 섞기
❹ 달걀 한 번에 넣고 섞기
❺ 중탕한 버터 2~3회 나눠 섞고 레몬껍질을 넣어 반죽 완성
❻ 실온에서 비닐을 덮어 30~40분 정도 휴지
❼ 반죽 온도 : 24℃
❽ 패닝 : 마드레느팬에 버터나 쇼트닝 얇게 바르고 80% 짜기(2판 분량)
❾ 굽기 : 윗불 180℃, 아랫불 160℃에서 20~25분 정도 굽기

· 다쿠와즈(머랭법) ·

❶ 평철판에 실리콘페이퍼 깔고 다쿠와즈팬 올리기
❷ 흰자 60% 거품내고 설탕 넣어 100% 머랭 만들고, 체 친 가루
　(박력분+분당+아몬드분말) 넣어 90% 섞기
❸ 다쿠와즈팬 위에 짤주머니로 반죽을 옆으로 넉넉히 밀어 짜기
❹ 플라스틱 스크레이퍼로 살짝 긁어내고 슈가파우더(계량 외)를
　고운 체로 뿌린 후 틀을 잡고 들어내기
❺ 굽기 : 윗불 180℃, 아랫불 160℃에서 15~20분 정도 굽기
❻ 식은 후 종이에서 떼어 지급되는 버터크림 샌드해 제출하기

· 슈(수작업) ·

❶ 볼에 버터, 물, 소금을 넣고 버터가 녹은 후부터 1분간 끓이기
❷ 불을 약간 줄이고 체 친 가루(중력분) 넣고 2~3분 호화시키기
❸ 불에서 내려 한 김 나간 후 달걀을 4개 → 3개 → 1개 넣고 질지
　않게 반죽하기
❹ 짤주머니에 1cm 원형깍지 끼워 3~4cm 동심원으로 짜고 물에
　침전 또는 스프레이(Spray)로 물 뿌리기
❺ 굽기 : 윗불 180℃, 아랫불 190℃에서 15분 정도 구운 후 윗불
　190℃, 아랫불 180℃로 15~20분 정도 굽기
❻ 충전용 커스터드 크림을 70~80% 충전하여 제출하기

· 호두파이 ·

❶ 호두 180℃에서 5분 정도 굽기
❷ 반죽 : 냉수에 소금, 설탕 녹이고 생크림, 노른자 섞어 놓고, 체
　친 가루와 버터를 스크레이퍼로 버터 입자가 콩알보다 작게 다
　진 후 액체 재료를 섞어 한 덩어리 만들기(냉장 휴지 20분 정도)
❸ 충전물 : 설탕+계피+물+물엿 섞어 중탕 후 풀어둔 달걀과 섞
　기(위생지 덮기)
❹ 성형 : 반죽을 3mm로 밀어 파이팬에 깔고 가장자리를 모양낸
　후 포크로 피케한 뒤 호두 넣고 충전물 붓기
❺ 굽기 : 윗불 180℃, 아랫불 190℃에서 30~40분 정도 굽기

· 초코머핀(크림법) ·

❶ 버터 부드럽게 풀기
❷ 설탕+소금을 두 번에 나눠 넣기
❸ 달걀 1개씩 분리되지 않게 천천히 넣기
❹ 체 친 가루(박력분+B.S+B.P+코코아파우더+탈지분유) 섞기
❺ 물 섞기
❻ 초코칩 2/3 넣어 반죽 완성
❼ 반죽 온도 : 24℃
❽ 패닝 : 80% 패닝 후 남은 초코칩 뿌리기(전량 사용)
❾ 굽기 : 윗불 180℃, 아랫불 160℃에서 30분 정도 굽기

· 브라우니 ·

❶ 호두 180℃에서 5분 정도 굽기
❷ 중력분+코코아파우더+바닐라향 체 치기
❸ 다크초콜릿+버터 중탕해서 녹이기(30∼35℃)
❹ 달걀+설탕+소금 섞어 살짝 거품내기
❺ ❹에 ❸을 넣어 섞고, 가루 재료를 골고루 섞은 후 호두 1/2 섞기
❻ 반죽 온도 : 27℃
❼ 패닝 : 3호틀×2개(남은 호두 뿌리기)
❽ 굽기 : 윗불 180℃, 아랫불 150℃에서 45∼50분 정도 굽기

· 타르트(크림법) ·

❶ 반죽 : 버터 부드럽게 풀고 설탕+소금을 두 번에 나눠 섞은 후 달걀 1개씩 섞고 체 친 박력분 섞기(반죽 온도 20℃) → 냉장 휴지(20분 정도)
❷ 충전물 : 버터 부드럽게 풀고 설탕을 두 번에 나눠 섞은 후 달걀 1개씩 섞고 체 친 아몬드 분말 섞고 브랜디 넣기
❸ 성형 : ∮10∼12cm 타르트틀에 반죽 3mm로 밀어 깔기(8개) → 피케 → 충전물 짜기 → 아몬드 슬라이스 뿌리기
❹ 굽기 : 윗불 180℃, 아랫불 190℃에서 30∼40분 정도 굽기
❺ 광택제 : 살구잼+물 넣고 중불에서 약하게 끓이기
❻ 구워낸 타르트에 광택제 발라 제출하기

· 흑미 롤 케이크(공립법) ·

❶ 철판에 팬 종이 깔고 박력쌀가루+흑미쌀가루+ B.P 체 치기
❷ 달걀 알끈 풀고 설탕+소금 넣고 43∼50℃에서 중탕하기
❸ 믹싱볼에 넣고 연한 미색으로 거품기 자국이 선명하도록 충분히 거품내기   ❹ 우유 1/2 넣기
❺ ❸에 체 친 가루를 넣고 거품이 죽지 않게 빠르게 섞기
❻ 남은 우유 반죽과 섞어 넣기
❼ 반죽 온도 : 25℃   ❽ 비중 : 0.4 내외
❾ 굽기 : 윗불 190℃, 아랫불 150℃에서 12∼13분 정도 굽기
❿ 생크림 단단하게 올리기
⓫ 젖은 면보를 깔고 식힌 뒤 말기

· 초코 롤 케이크(공립법) ·

❶ 철판에 팬 종이 깔고 박력분+코코아파우더+베이킹소다 체 치기
❷ 달걀 알끈 풀고 설탕을 넣고 43∼50℃에서 중탕하기
❸ 믹싱볼에 넣고 연한 미색으로 거품기 자국이 선명하도록 충분히 거품내기   ❹ 우유+물 넣기
❺ ❸에 체 친 가루를 넣고 거품이 죽지 않게 빠르게 섞기
❻ 반죽 온도 : 24℃   ❼ 비중 : 0.4 내외
❽ 굽기 : 윗불 190℃, 아랫불 150℃에서 13분 정도 굽기
❾ 가나슈 : 잘게 다진 초콜릿에 80℃ 정도 끓인 생크림을 넣어 매끄럽게 섞고 럼주 넣기
❿ 젖은 면보를 깔고 식힌 뒤 말기

제과제빵기능사 실기

개정14판1쇄 발행	2024년 06월 05일 (인쇄 2024년 04월 12일)
초 판 발 행	2010년 01월 05일 (인쇄 2009년 09월 30일)
발 행 인	박영일
책 임 편 집	이해욱
저 자	김경진 · 박영석
편 집 진 행	윤진영 · 김미애
표지디자인	권은경 · 길전홍선
편집디자인	권은경 · 길전홍선
발 행 처	(주)시대고시기획
출 판 등 록	제10-1521호
주 소	서울시 마포구 큰우물로 75 [도화동 538 성지 B/D] 9F
전 화	1600-3600
홈 페 이 지	www.sdedu.co.kr

I S B N	979-11-383-7075-2(13590)
정 가	24,000원

제과제빵기능사 합격은
SD에듀가 답이다!

'답'만 외우는 제과기능사 필기
기출문제+모의고사

- ▶ 핵심요약집 빨리보는 간단한 키워드 수록
- ▶ 정답이 한눈에 보이는 기출복원문제 7회분 수록
- ▶ 적중률 높은 모의고사 7회분 및 상세한 해설 수록
- ▶ 15,000원

'답'만 외우는 제빵기능사 필기
기출문제+모의고사

- ▶ 핵심요약집 빨리보는 간단한 키워드 수록
- ▶ 정답이 한눈에 보이는 기출복원문제 7회분 수록
- ▶ 적중률 높은 모의고사 7회분 및 상세한 해설 수록
- ▶ 15,000원

제과제빵기능사 필기
가장 빠른 합격

- ▶ 시험에 나오는 이론만 압축 정리
- ▶ 진통제(진짜 통째로 외워온 문제) 수록
- ▶ 상시복원문제 10회분 수록
- ▶ 17,000원

제과제빵기능사 필기
한권으로 끝내기

- ▶ 핵심요약집 빨리보는 간단한 키워드 수록
- ▶ 시험에 꼭 나오는 이론과 적중예상문제 수록
- ▶ 7개년 상시시험 복원문제로 꼼꼼한 마무리
- ▶ 20,000원

제과제빵기능사 실기
통통 튀는 무료 강의

- ▶ 생생한 컬러화보로 담은 제과제빵 레시피
- ▶ HD화질 무료 동영상 강의 제공
- ▶ 꼭 알아야 합격할 수 있는 시험장 팁 수록
- ▶ 24,000원

※ 도서의 구성 및 이미지와 가격은 변경될 수 있습니다.